金字塔思维

如何分析问题、清晰表达与高效工作

杨郭君◎著

中国友谊出版公司

图书在版编目（CIP）数据

金字塔思维 / 杨郭君著. — 北京 : 中国友谊出版公司, 2017.5（2018.3 重印）

ISBN 978-7-5057-4061-7

Ⅰ. ①金… Ⅱ. ①杨… Ⅲ. ①思维训练—通俗读物 Ⅳ. ① B80-49

中国版本图书馆 CIP 数据核字（2017）第 105019 号

书名 金字塔思维
作者 杨郭君
出版 中国友谊出版公司
发行 中国友谊出版公司
经销 新华书店
印刷 三河市冀华印务有限公司
规格 787×1092 毫米 16 开
18.25 印张 260 千字
版次 2017 年 7 月第 1 版
印次 2018 年 3 月第 2 次印刷
书号 ISBN 978-7-5057-4061-7
定价 39.80 元
地址 北京市朝阳区西坝河南里 17 号楼
邮编 100028
电话 （010）64668676

如发现图书质量问题，可联系调换。质量投诉电话：010-82069336

目　录

定义篇　不可忽视的金字塔思维

第一章：构造思维的框架 // 002

我们是否懂得思考？ // 002

大脑运作的规律 // 006

思考的第一步就是先提炼出一个基本框架 // 012

【延伸内容】发散思维和收缩思维下的思维框架 // 015

第二章：结构化的逻辑思维 // 020

感官化思维的影响 // 020

平面思维与单线逻辑思维 // 025

思维的格式化与体系化 // 029

先总后分与结论先行 // 033

【延伸内容】逻辑思维是否意味着复杂和烦琐？ // 038

第三章：思考的逻辑顺序 // 043

把握好具有逻辑的时间顺序 // 043

金字塔思维离不开结构顺序 // 048

排定主次位置的重要性顺序 // 052
演绎推理过程中的逻辑顺序 // 056
【延伸内容】确定逻辑顺序的技巧 // 060

第四章：金字塔思维 // 064

如何理解金字塔思维？ // 064
金字塔思维的基本结构 // 067
构建金字塔的方法 // 073
金字塔思维的注意事项 // 077
金字塔思维的优势 // 084
打造多个金字塔 // 089
【延伸内容】5W1H分析法与金字塔思维的关系 // 092

扩展篇　金字塔思维在生活中的延展

第五章：表达与沟通的金字塔法则 // 098

如何让自己的表达更加高效？ // 098
纵向关系：把握好“疑问—回答”的模式 // 103
横向关系：演绎与归纳二选一 // 107
利用序言来制造第一个疑问 // 111
充实的思想是语言概括的核心 // 114
金字塔思维在表达中的基本要求 // 120
【延伸内容】金字塔思维应该是一种迎合他人的表达方法 // 123

第六章：解决问题的思考方法 // 128

金字塔思维与问题的解决 // 128

why：找准塔尖上的问题 // 132
what：寻求塔身的解决方案 // 136
how：在塔基产生具体的计划 // 142
运用逻辑树来解决问题 // 147
【延伸内容】对假设后的解决方案进行验证 // 152

实用篇　管理学中的金字塔思维

第七章：沟通和决策决定了管理的效果 // 158
更加合理地下达命令 // 158
寻求支持时的必要沟通 // 162
汇报工作的基本准则 // 165
不同方案的比较与选择 // 170

第八章：运用金字塔思维进行项目管理 // 174
时间管理的法则 // 174
如何控制好项目的成本 // 178
不可不明的项目范围管理 // 182
其他项目管理的结构性思考 // 185
构建项目实施目标的金字塔结构 // 191

展示篇　形象化的金字塔结构

第九章：页面上的金字塔 // 196
我们是否善于在页面中展示金字塔结构？ // 196
多级标题的设置技巧 // 199

利用下划线来体现思想层次 // 207
运用数字编号来明确思想的层次与顺序 // 210
首行缩进法 // 214
项目符号法 // 217
思想层次之间的合理过渡 // 221
【延伸内容】页面金字塔的展示规则 // 227

第十章：PPT是最佳的形象展示 // 232

PPT演示是一场“秀” // 232
图表是PPT幻灯片的主要内容 // 236
PPT幻灯片的文字设计 // 240
以讲故事来推动演示的进程 // 246
【延伸内容】乔布斯的PPT演示 // 249

第十一章：文字版本的金字塔 // 255

文字记忆与图像记忆 // 255
图像与文字的转化 // 258
【延伸内容】左脑和右脑的协调 // 262

附录1： 金字塔思维不是万能的 // 267

附录2： 思维导图的运用原则 // 274

后　记 // 282

定义篇　不可忽视的金字塔思维

第一章：构造思维的框架

我们是否懂得思考？

在十几年前，美国很多巨头公司都推出过一个叫“曼哈顿人才培训”的计划，当时很多人都前往培训，而培训的一项主要内容就是教会你如何进行思考。如何思考？这听起来似乎有些小题大做了，事实上我们几乎每天都在思考，可以说思考是日常生活中最常见的一个工作。

但每天思考是否就意味着我们都是这一方面的行家，或者说我们的思考能力都足够出色呢？通用电气公司曾经做过一个调查，发现32%的员工都缺乏科学合理的思考方法，多数时候他们都是机械地解决自己所面对的问题，他们能够处理一些简单的问题，但在一些复杂的问题面前，他们的思维可能就会变得混乱无序。考虑到这是一家出色的企业，可以想象一下在其他领域和行业内，情况究竟会有多么糟糕。

很显然，在信息爆炸的今天，我们每天所要面对的东西变得更为烦琐，甚至是荒唐（这个词或许显得有些言过其实，但实际上对于很多人来说，情况就是如此糟糕），所有的一切都对个人大脑的思维能力提出了更为严格的要求，因为我们必须尽可能地确保自己每天接收到的信息都合理有序，确保自己每天都可以更好地接收这些信息，并成功地将其运用到自己的工作和生活当中去。

但问题并非总是如此，从我们每天从老板那儿听到那些混乱无序的命令、指责、唠叨开始，从我们每天要面对一大堆毫无头绪的人际关系开始，从我们每天处理一大堆看起来和自己毫不相干的事情开始，一切就变得让人困惑。我们的家庭、公司、国家以及整个社会，它们往往会影响到我们对于生活和工作的安排，导致我们在思考问题、组织语言，以及构建交际圈的方式时都可能存在一些结构性的问题，并常常使得我们的生活和工作显得非常散乱无序。多数时候，我们都被现实环境牵着鼻子走，并且错失了自己的节奏。

当我最初进入职场的时候，在纽约的M&D外贸公司上班，当然，这家公司的运营管理非常混乱，工作又非常繁忙，常常是各种工作任务接踵而来。最初的三个月我竟然没有获得一天的休息时间，几乎每天都坐在电脑前整理那些烦琐的无聊文件。

这是一份极其折磨人的工作，我甚至觉得自己可能会发疯。比如我经常会接到这样的任务：那是一个文件夹，然后里面是一些非常混乱的文件，不同的部门，不同的时间段，不同的内容，不同的客户资料，还有一些是公司内部的小文件。所有的一切都包含在一个特定的结构之内，一个名为“工作文档”的文件夹，但谁都明白，这个文件夹只是一个毫无意义的框架，内部的结构几乎一盘散沙，我根本不知道该从何入手，也不清楚该如何应对。

有一天，我终于忍受不了了，于是向更为年长的主管莫里斯先生说明了自己的困惑，当然也算得上是以此抱怨。我记得那天自己的情绪很低落，语气也不好。莫里斯先生安静地听我把话说完，然后说："我在这儿已经工作了16年，我得承认这家公司的混乱局面，但公司仍旧在运营，我依旧待在这儿忍受一切。"

莫里斯的话让我觉得有些好气又好笑。老实说，他看上去更像是一只呆鹅，一只呆鹅就活该围绕着绑着它的树桩打转，我觉得他可能有些麻木了。几个月后，我毫不犹豫地离开了这家公司，并辗转到了新的公司，可是我发现情况并没有得到多少改善，我在工作和生活中依然会遇到各种难以厘清的状况，仍旧会遭遇各种各样的困境，重要的是我发现自己总是将一些烦琐的事情弄得更加复杂。

这个时候，我给莫里斯打了一通电话，向他求教。在电话中，他送给我这样一番话：

"你不要被这些混乱的局面所控制和摆布，不要在这些混乱的局面面前失去自制力，如果你按照自己现有的思维方式去思考和处理这些问题，那么你永远也弄不明白自己的工作到底发生了什么，也永远不清楚自己是否能够顺利地解决这些问题。真正的问题是，你应该想办法运用一种更为合理的思考方式来改变工作中的不利局面。"

听完这些话后，我才意识到自己是多么愚蠢。其实这个世界是复杂的，也是不完美的，我们所面对的每一件事情，所接触的每一种环境都存在这样或那样的缺陷，我们并没有太多机会面对那种简洁明了的工作，也不会总遇到那些一眼就可以看明白的事情。而在一个复杂甚至是混乱的环境下，我们更应该好好想一想，自己是如何运用正确的思维来认识和分析这一切的，我们是如何一步步推进自己的思考的。换句话说，我们的思考模式具备怎样的结构，而这些才是每个人最应该去做的事情，也才是我们工作和生活的价值。

反过来说，很多时候是我们自己的思维方式出现了问题，我们在面对社会生活中的各种问题时，往往会选择一些错误的思考方式。我们在一个混乱或者复杂的环境中，打乱了自己的思考节奏，打乱了自己的思考模式。我们的思维方式常常停留在事物的表面，却不知道事物之间具有广泛的联系，而这种联系通常呈现一种立体结构，是一种向上、向下、向左、向右都存在的联系。

前几天我看到我朋友的儿子为一道家庭作业练习题而烦恼，题目当然非常简单："请你讲述一下，水果和香蕉、葡萄、谷物、蔬菜、食物之间的联系。"对于一个上幼儿园的孩子来说，这道题显然超出了他的认知和理解范围，所以他并不清楚其中的逻辑关系。

但是对于智力发育正常的成年人来说，厘清这种关系简直不费吹灰之力："香蕉和葡萄是两种水果，而水果和谷物、蔬菜都是生活中常见的食物。"在这个思考和分析过程中，我们轻易就可以知道，水果向上可以和食物之间产生关系，向下则和香蕉、葡萄拥有逻辑关系，向左向右则与谷物、蔬菜同属于一个层面。

我们可以在这个简单的题目上，迅速做出正确的分析。但是在一些更为混乱和复杂的事情面前，我们可能会变得不知所措，会变得不那么冷静和理性，直至失去应有的思考能力和思考方式。或者说我们并没有意识到自己可以像分析"水果"一样来思考与之相关的各种食物之间的联系。事实上，我们并不总是轻易就能厘清事物的具体结构与拥有的各种关系，在一些更加复杂的问题面前，我们大脑的反应会受到限制。这个时候，我们做不到见微知著，也没能透过现象看到本质。

比如对于社会或者国家来说，虽然按照着某种特定的规则运行，但是它的存在方式是极其复杂的，政治主张、经济政策、军事行动、文化宣传、外交活动、内部建设，所有的一切都是相呼应的，我们必须厘清所有的内在联系。此外，我们还必须面对国家的动乱、战争、价值观的分离、内部的分裂、机构的混乱、政策的多变，面对所有的一切，我们究竟会如何进行思考，又是否能够像总统一样管理好这一切呢?

如果将范围缩小到个人生活圈内，我们每天所面对的各种事情，是否都能够顺利得到解决呢？我们是否能够将所有的事情都处理得恰到好处呢？而生活给予我们的提示永远都是这样的：一个错误的思考方式往往会让我们失去了解事实真相、解决内在问题的机会。

大脑运作的规律

我的朋友戴维最近又像往常一样抱怨自己的老板，因为他的老板是一个非常随意的人，每次下达任务的时候总是口头上发布命令，经常说出一大堆零乱的要求，而戴维则必须想办法记住每一个命令，一旦有所遗漏，就可能面临被炒鱿鱼的风险。每一次他都提心吊胆地认真倾听，生怕自己错过很多重要信息，但是想要在短时间内一次性记住那些零乱的信息，的确让人感到痛苦。

比如，上周五老板将他叫去办公室，一见面就直接下达命令：“你前天给我的那份报告是不是还有底稿？一会儿弄一个备份给我，我将你那份稿子弄丢了。”

老板漫不经心地在办公桌旁绕了一周，然后喝了一口咖啡，紧接着他又开口说话：“明天下午之前，帮我购买一张去纽约的机票。

“还有，你一会儿去通知一下洛克（部门副经理），让他记得参加明天早上的会议。

“还有，你一会儿得去趟财务部，把财务部的会计给我叫来，这里有点事情要问他。

“对了，明天早上之前你帮我拟订一份会议的草稿。

“出门之后，先将这份合同样本给我打印一下，顺便帮我买一杯咖啡。”

等到戴维出门时，老板又追了出来：“找个师傅把我办公室的门锁修一下。”

面对这么多的任务，戴维大概要崩溃了，我想他一定会一遍遍重复和默念着这些乱七八糟的任务，防止一不小心就忘记了。这当然是一份苦差事，虽然戴维一直兢兢业业、小心谨慎，但是这种工作的确有些让人抓狂，难以想象，他已经在这份工作上忍受了五年。

如果不是重新整理一遍，我们估计也很难记清这个老板究竟说了些什么，多数人可能会记得给老板一份报告的备份，或者只记得帮老板买一杯咖啡，叫一个修门锁的师傅。也许还能记得更多，但想要将所有的信息全部记住，难度的确很大，这需要惊人的记忆力或者足够的专注力才能完成。

我们可以心平气和地说“这是每一个助理都可能遇到的问题”，或者“老板们就喜欢通过这种方式来折磨别人，并以此来显示自己的权威”。事实上，是不是每一个老板都有这种嗜好呢？这个问题并没有人做过研究，但有一点值得肯定，在信息爆炸的今天，我们每天都在接触各种各样的信息，我们也必须想办法尽可能记住那些看见或者听到的东西，但问题在于我们的接受能力非常有限，尤其是短期内，我们的记忆力似乎不足以应对更多的信息。这或许可以看成是信息泛滥下的一种无奈。

哈佛心理学家乔治·A.米勒曾经提出过一个有关短期记忆的七块信息区的理论。按照米勒的看法，一个正常人如果不是重复或者强行记忆，那么只有大约七条信息能够在大脑中短暂地保存一段时间，比如一眼看上的名单上的七个重要人物、最喜欢的七个菜肴的名字、最喜欢的七个风景名胜。他们在购买某一类商品时，往往只能够记得七种品牌，听讲的人只能记住演讲报告中的七个关键词，旅行推销员所能记住的往往也只有七家出租车公司。

而这种情况并不绝对，事实上，米勒后来写过一篇论文《奇妙的数字7±2》，在论文中，米勒对于自己的七块信息区理论进行了改进，他认为大脑在短期记忆的时候通常都不会一次性容纳七个以上的信息，但是有些人最多可以一次性记住九个信息，而有的人则最多一次性只能记住五个，总体上来说，多数人的短期记忆容量都处于5～9这个区间。不过即便如此，7仍旧是一个非常重要且奇妙的数字，它指出了大脑的运作和存储机制。

那么我们该如何每一次都准确地记住所有的信息呢？尤其是一大堆混乱无序的任务，而且有时候我们必须一次性记住8条甚至10条信息，这对记忆力是一个巨大的考验。以戴维为例，他能否很好地处理这些信息，并且每一次都准确无误地记住它们呢？

关于这个问题，我们首先可以看一组数字：

1、9、2、4、6、0、5、8、2、0、4、3、7、1、5、3、6、7

谁能在2～3秒之间一下子记住这组看起来毫无规律的数字呢？恐怕很难，至少多数人都觉得这几乎是无法完成的任务。现在我们尝试着将这些数字重新编排，那么情况就截然不同了：

0、1、2、3、4、5、6、7、8、9、0、1、2、3、4、5、6、7

两组数字其实内容完全一样，并没有增加、删减或者修改，只不过是将顺序重新编排了一下，但所有人几乎不用1秒钟就能记住第二组数字。这看起来会令人感到困惑吗？并不会，但我们中的大多数人确实没有记住与第二组内容完全一样的第一组数字。

如果足够细心的话，我们可以从中窥探出大脑的两个特殊机制：第一，人类的大脑没有办法在短时间内一次性记住太多的信息，信息越多，大脑的负荷量越大，也就越不容易记住。这和米勒先生的理论是一致的。因此让我们在2～3秒之内记住18个数字显得勉为其难，事实上很多人甚至连他们的银行卡账号也从未记住过。第二，大脑通常更喜欢那些有规律的信息，它也更容易记住那些更有规律的信息，如果我们从一开始就发现这18个数字的规律，那么记住它们将毫不费力。

依据大脑的这两个特质，我们再来看看戴维究竟是怎么做的。实际上，戴维告诉我一个窍门，那就是归类，“因为不同的信息之间往往存在一定的联系，这种联系就是分类的一个重要前提，但凡具备某种特殊关系的事物往往可以归为一类。这样一来，各种各样看似截然不同的信息实际上可以有效地划分为几个大的类别，然后记忆的人只需要先记住类别，并按照类别来记住各条信息即可。这样的记忆方式不仅简单方便，而且效率更高”。

很显然，戴维在处理以上几条混乱的信息时，就是这么做的，他尽量将不同的信息整合在一起，并做了一个简单的分类：

文件：底稿备份、合同样本、会议草稿

商品：机票、咖啡

人：副经理洛克、财务部会计、修锁的师傅

现在，我们可以非常直观地对所有的信息进行处理，并且意识到自己首先只需要想办法记住3组概念，而不是8个完全独立的概念。经过分类，这些信息记忆起来就更加方便了。那么这些分类究竟是如何产生的呢？这里主要涉及两个基本的问题。

第一，为什么看似不相干的事物可以划分在一起来处理呢？

道理很简单，因为任何事物都是相互联系的，没有任何一种东西是完全独立存在的，它或多或少地总是和身边其他的事物发生联系，它也一定和其他事物之间存在某些共同的特点。需要注意的是，这种联系几乎可以说是无处不在。

第二，我们为什么会将不同的信息放在一起处理呢？

这是因为我们的大脑会发现和分析不同事物之间的联系，简单来说，就是将一些具有某种“共性”的事物组织在一起。所以当我们见到一大堆不同事物的时候，大脑实际上已经像一个机器一样自动搜索和分析各个事物之间的联系了，然后将所发现的事物以某种秩序重新组织在一起。这种搜寻和组织能力因人而异，而且大脑也需要一定的反应时间。

最简单的情况莫过于古人对于星星的理解。在一般人看来，整个夜空中的星星是混乱无序的，所有的星星都像是一盘散沙，但实际上经过一定时间的观察，人们发现不同的星星会组成不同的图案，它们并不是各自独立、毫无章法的存在，而是隶属于不同的星系。

在日常生活中，我们的大脑具有自动分析和归类的功能。当我们看到金银铜铁等不同形状、不同颜色的物体时，一定会想到它们都是金属，金属就是它们的共性；我们见到米饭、蛋糕、牛羊肉、包子、苹果等不同类型的东西时，一定会想到它们都是食物，在这里，食物就是它们的共性。寻找共性实际上就是寻找一种逻辑关系，通过对不同事物之间的逻辑关系进行梳理，我们就可以更好地进行归类。不过，在某些时候，事物之间的联系并不那么明显，或者事物之间的逻辑关系并不那么突出，或者说像上面那18个数字一样散乱，这个时候，我们就需要进行思考和分析，主动挖掘出其内在的逻辑性。

戴维在面对老板下达的不同任务时，就是采用这样的方式，积极挖掘各个任务之间的关系，并利用这种关系来分门别类，创造出一个个小结构。

一旦我们将这种逻辑关系延展开来，就会发现整个世界就是由这样一个个小金字塔结构组成的，或者说世界就是建立在这些逻辑的基础上的。

思考的第一步就是先提炼出一个基本框架

如果以哲学的眼光来看待这一切，那么可以说每一件事物都包含在其他事物之间，包括我们的社会体系，包括整个自然界，万事万物都处于某一个特定的体系当中。一辆行驶的汽车，一匹奔跑的骏马，一栋建筑，一个面包，你、我、他，所有的一切都从属于某一个大的框架之下，而一切事物又具有自己独有的框架。

事实上，这种特性决定了整个社会得以存在的基础，而在思考的过程中，我们对于事物的认知也应该形成一个框架，这是我们打造思维结构的一个基本前提。那么为什么在思考和分析问题的时候，我们不着眼于一些细节问题，而要重点先打造一个最基本的框架呢？这实际上和我们对于信息的把握、处理能力息息相关。

当我们面对1～3个信息的时候，通常会变得比较轻松，我们有更多的精力来分析和处理这些信息。可是一旦信息量增加，尤其是当我们面对一大堆烦琐的、无序的信息时，我们必须尝试着运用一些更有效的思维方式来处理它们。

事实上，在信息爆炸的今天，我们有更多的机会接触新事物，接触更大的信息量。比如在英国，当一个孩子长到18岁的时候，或许已经接触到了14万个广告，而这一数据仍在提升。尤其是考虑到他们对于互联网、自媒体的灵活运用以及痴迷，这会让他们所接触的信息呈几何级数的增长。

但有一个问题同样很明显，我们对于信息的攫取并没有比之前更好，甚至于我们的信息接受能力和提取能力变得更弱了，尽管我们相对地了解了更多发生在身边和外部的事情，但与信息总量相比，这种比例非常低。而我们在处理和接收这些信息，甚至于在将这些信息转化到解决生活难题方面，更是存在很大的不足。

在学校里，老师们让学生在网上查找资料，并进行分类归档，或者让他们将这些资料整理成一篇论文。这个任务将会变得非常艰难，尽管这些学生都坚称他们找到了最为全面的资料，可是他们没有办法将资料整合在一起，他们没有办法选择一个更好地消化和吸收这些知识的方法。

在办公室里，总是有一大堆的资料和文件堆放在那里等着我们来处理，尤其是当领导要求我们对其进行整合和提炼时，事情总是变得令人头疼，我们往往纠结于该如何理出一个特别的头绪来整理这些文件。

之所以会出现这样或那样的情况，很大一部分原因就是我们在思考的时候所面对的是一大堆的信息或者说是信息碎片，这些信息通常是散乱的。我们通常能够一次性记住一件事或者三件事，能够一次性记住不含任何规律的三个数字，但是没有办法一次性将太多的信息碎片弄进脑子里。这个时候，自身仅有的分析能力和理解能力很容易让我们陷入尴尬的境地，尤其是随着信息的不断增多，我们的思维会变得更加混乱。

所以我们要做的就是将思考的内容放在一个特定的思维框架中进行分析，将所有接收到的信息碎片放到一个特定的思维框架中去分析，这样实际上就减轻了大脑的负担，而且我们也能够更好地对这些信息进行分析和整合。

从这一方面来说，打造框架的作用就是为了有效地将信息聚合成一体，这样我们就能够有效地缩小思考的范围，能够节省更多的脑力。那么打造框架究竟该如何进行呢？我们的思考模式需要制定怎样的一种框架？或者说什么样的框架最适合呢？我们可以先从戴维处理信息的方式说起。当老板提出了各种不同的任务时，戴维经过短暂的分析后，采取了分类的方式，从而对各个不同的信息进行了有效分组：

文件——底稿备份、合同样本、会议草稿

商品——机票、咖啡

人——副经理洛克、财务部会计、修锁的师傅

这种分组的思考方式实际上确立起了一个最基本的结构和框架。我们可以重新梳理一下戴维的思维模式，这样就可以很快了解这个框架。这个框架的核心是“老板交代的任务”；“老板交代的任务”下面可以分为三个主要的分类，它们分别是文件、商品、人；在三个主要的分类下面则是具体的任务清单。

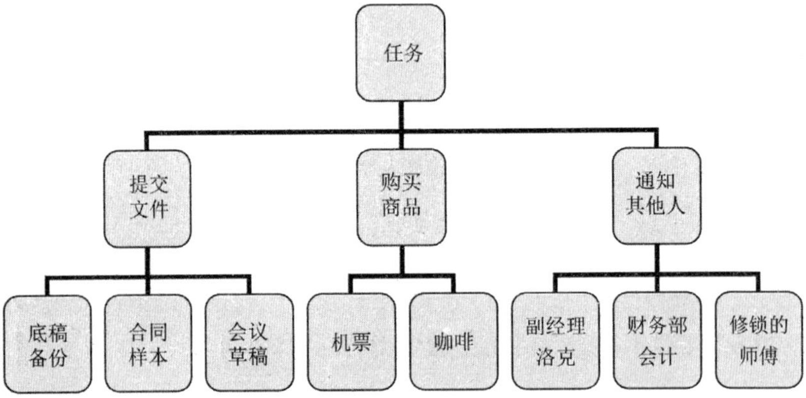

这样就形成了一个特殊的类似于金字塔的结构，金字塔的顶端是“老板交代的任务”，塔身是“文件”“商品”“人”这三个主要分类，塔基则是三个类别下的具体任务。这种层层向下分解的模式就是一种框架，一种金字塔结构，而类似的思考方式就是一种金字塔状的结构化思考模式，我们可以称之为金字塔思维。

金字塔结构思考方法往往是采取自下而上的方式进行提炼的，或者说打造框架的第一步就是自下而上进行提炼。思考者先将一些信息片段收集起来，然后对它们进行简单的分析，总结一个大概的规律，然后通过对最基本的信息片段进行概括和归纳，逐步往上提炼，最终形成了一个从上往下层层分散的结构。

【延伸内容】发散思维和收缩思维下的思维框架

如果不设置任何障碍，让我们肆意发挥自己的想象力，我们能够想到多少，又能够想到多远呢？心理学家曾经在白纸上画了一个圆圈，然后让不同的群体来猜。

当孩子看到这个圆圈时，他们会想到一个苹果、一个球、一个太阳或者月亮、一口水井、一个头箍、一只眼睛、一个脑袋、一个隧道。但成年人则往往会认为它只是一个图形或者某个特殊符号，至少没有人会认为这是一个西瓜或者一块饼干。

紧接着，心理学家在圆圈内画了一些奇怪的黑点，并给了测试者一支笔，让他们进行解读并依据图形画出自己想象的东西。这个时候孩子并没有过分关注圆圈内的东西，而是对圆圈外的空白非常感兴趣，他们给圆圈画上了翅膀，在圆圈外画出了藤蔓和叶子，画出了四肢，画出了另外几个圆圈。而成年人则更多地关注圆圈内的结构与内容，他们中的多数人对着圆圈内的黑点发呆，试图弄清楚这幅画的含义，因此一直都在圆圈内进行计算和连线。

这两个心理学实验实际上指出了成年人和孩子思维方式的不同。对于孩子来说，他们所看到的圆圈是一个不受任何束缚的图形，因此他们会进行各种联想，包括一些完全不符合图形的内容。但是对于成年人来说，问题变得更加复杂了，他们坚持认为这不是一个简单的图形，因此他们会依据自己的经验沿着特定的方向进行分析，并试图找出图形中的一些规律。

将成年人和孩子的思维进行分析，我们就会发现一个有趣的问题，那就是孩子的思维方式通常都是辐射型的，它们可以向四面八方辐射开来，就像是一杯泼在地上的水，肯定会四散开来；而成年人的思维往往具有一个特定的方向，或者一个特定模式，这些思维总是沿着某个特定的管道在流动。

其实，这两种不同的思维就是大脑中最常见的两种思维模式：发散思维和收缩思维。其中孩子的思维比较活跃，而且没有太多的束缚，属于发散思维。发散思维是指大脑在思维时呈现的一种扩散状态的思维模式，表现为思维视野广阔，思维呈现出多维发散状。而成年人总是将思维压制在某一个特定模式和管道内，而不会放任思维任意散开，因此属于收缩思维。收缩思维是一种聚合思维，其特点是使思维始终集中于同一方向，使思维条理化、简明化、逻辑化、规律化。

发散思维可以尽可能地让我们扩展自己的思维，确保能够从更多的不同的方向和侧面进行思考。但问题同样很突出，发散性思维会让我们的思维变得更加活跃，甚至出现跳跃性，而这会导致我们思考问题过于分散，尤其是在分析多种不同的事物时，这种思维会让信息变得更加分散。

因此在具体的分析过程中，我们常常需要在发散思维的同时及时收缩。发散是为了丰富自己的思考方式和思考的内容，而收缩则是为了有效缩小范围，将思考集中在一些有价值的方向上。反过来说，如果仅仅采用收缩思维，那么我们的视野和想法将被限制在一个狭小的范围内。因此思考的方式应该是先发散然后收缩，这样就可以把握事物的逻辑性，而从发散思维再到收缩思维，这个过程本身就是一个打造思维框架的过程。

比如我们从新闻上得知了这样一条信息：2016年10月28日，美国股市出现波动，其中标普500、道琼斯指数、纳斯达克指数分别下跌1.3%、0.9%、1.8%。面对这样的信息，我们能够从中获得什么更多的信息吗？

对于那些常年关注股市和经济的人来说，他们可能会想办法去了解另外一些数据，并发现新的信息点：美股VIX波动率指数从10月初的13上升至18.6。

为什么大家会这样去思考问题呢？这是因为我们意识到无论是标普还是道琼斯指数，首先它是一个反映股市价格变化的指数，体现出来的是股市的变动。而股市变动通常和经济变化有关，就可以联想到美国经济的动荡，在这个逻辑下，我们轻易就会联想到诸如“美股VIX波动率指数是否发生了变动，美元指数是否出现波动”之类的信息。

当然美国股市通常被称为美国经济的晴雨表，因此这是一个经济问题。这一次经济出现波动的原因可能是美国市场的一些自我调整，最近一段时间美国经济的不景气，投资者信心不足，以及美联储是否加息的政策，这些都会影响到股市的表现。而像美元、黄金、石油实际上都受到了经济下行的拖累，美国政府也出台了相关的政策，它们反过来也对股市造成了影响。

当我们把思维进行扩散之后，就会明白股市波动其实和政治息息相关，2016年是一个选举年，奥巴马政府已经正式进入执政倒计时的状态，取而代之的是特朗普与希拉里的总统之争，而作为总统竞选的一大法宝，两个人都在大打经济牌，更重要的是，两个人的经济政策差异很大。

事实上，希拉里渴望维持经济政策的现状，而特朗普在竞选期间曾经发表了各种激进的政策性观点，例如抨击美联储的低利率政策、主张贸易保护、建议对中国进口产品征收45%的关税、建议在墨西哥边境筑墙等。这些发言显示出了特朗普主政白宫后可能实施的经济政策。

特朗普在大选中长期落后于希拉里，因此他的政策一开始并没有引起市场的重视，但是随着他的竞选形势渐渐好转，尤其是在“邮件门”事件中，希拉里因为用私人邮件处理政府事务的行为威胁到了国家安全，因此受到了舆论的指责，竞选形势不容乐观，这让特朗普很快占得了先机。

在这样的形势下，特朗普的经济主张开始加剧市场短期波动，特朗普效应在经济层面开始显露。这也是近期黄金价格上涨、VIX指数上升的原因，因为市场避险情绪已经开始升温。事实上从过去几十年来看，政治与经济的联系变得非常紧密，因为政治作为国家的上层建筑，往往会对下层基础（经济）造成影响。

在这个思考的过程中，思考者对造成经济波动的原因进行思考。尽管股市变动只是一些信息片段，但是通过对信息片段的搜集以及思考，就可以从不同的角度进行延伸和解读。虽然思维扩散得比较广，但是这些思维最终都回归到一个共同的观点上，那就是国家经济政策的变动。这个共同的观点就是收缩思维的体现，至少在整个思考过程中，我们并没有将思维盲目扩散到“美国金融危机”“华尔街阴谋”“国际贸易大战的前奏”等因素上，而是束缚在某个特定的框架之中。

通过对发散思维和收缩思维的有效结合，我们的逻辑思维往往就会逐渐形成一个更为丰满的结构，这样我们对于事物就会有更为明确和深入的认识。

第二章：结构化的逻辑思维

感官化思维的影响

如果我们是一个数据分析师，是一个会计师，或者说我们是一家公司的负责人，那么我们该如何去思考自己所要做的每一件事、每一个决定呢？华尔街的银行家和投资大亨们已经给出了最佳的答案，那就是最严格、最理性、最客观、最精细的思维分析，这也是他们一天到晚都趴在数据堆里搜集相关信息的原因。他们是最严密的逻辑大师，因为任何一个数据和信息都会牵扯出一个数据链。

当然，并非每一个人都会这么去做，而且糟糕的是很大一部分人都不愿意动用自己的逻辑分析能力来处理自己所遇到的各种问题，至少没有多少人会非常严格地对所面对的事物进行逻辑上的整理和分析，更不会采取结构化思维来处理各种信息。很多时候，我们都会本能地追求一种更为简单、直观、主观的方式来进行思考，这就是感官化思维。

感官化思维是一种通过充分调动各种感官，刻意保留或还原感官体验的直观性以及确保其与思维达成无损对接的思维方式。从大脑的运作机制来说，结构化思维更加理性，更讲究逻辑性，因此主要依靠人的左脑。左脑也被称为“文字脑”，其主要功能在于处理文字和数据等抽象信息，具有理解、分析、判断等抽象思维功能，有理性和逻辑性的特点。

但我们对于左脑的使用并没有想象中的那么好，我们总是觉得自己在认真思考，在认真分析问题，却没有太深入。相反，我们常常会喜欢上右脑的思维方式。右脑被称为“图像脑”，处理声音和图像等具体信息，它将收到的信息转化为图像处理，瞬间即可处理完毕，因此能够把大量的资讯一并处理（心算、速读等即为右脑处理资讯的表现方式）。它具有想象、创意、灵感和超高速反应（超高速记忆和计算）等功能，有感性和直观的特点。很显然，感官化思维就是右脑运行的一种表现方式，通过自己所见、所听、所感，并形成一个主观的印象，然后与思维联系起来，从而得出自己的判断。

左脑的做法通常是分析，分析，再分析，而右脑更习惯于主观体验，它忍受不了那些冰冷呆板的逻辑分析方式，这一点与很多人的思考方式是吻合的。比如说我们并不希望自己的决定有多么艰难，甚至期待着能够立刻按照自己的想法做出决定，因为我们始终坚定地认为自己所看到的、所听到的、所感知到的东西就是正确的。

在感官化思维中，主观性占据了很重要的一部分，所以这类人往往适合从事文艺工作，因为他们追求的是感性的极致，但在一些商业分析类的工作中，在一些需要思考、分析和进行数据统计的工作中，则完全不适合。

对于正常人来说同样如此，比如当公司老板在评价某个下属的时候，一方面要进行理性分析，观察下属的工作表现、人际关系的处理能力等客观指标，同时还会无意识地在评价体系中纳入自己的主观印象，并进行主观的判断。所以在工作和生活中，结构化思维与感官化思维其实常常是相辅相成、同时存在的，在利用结构化思维进行分析和思考的时候，感官化思维同样会起到应有的作用。

但问题在于，很多时候，感官化思维会破坏个人的理性分析，并诱导我们做出一些草率的、鲁莽的举动。比如我们常常不经过认真分析就妄下结论，没有进行详细的思考就依靠直观体验做出判断，我们会本能地认为事情就该是这样的，或者是那样的，却没有意识到自己可能已经犯了很大的错误。至少在一些商业业务的决断上，感官化思维容易让我们误入陷阱。

苹果公司已故创始人乔布斯先生应该是一个非常典型的感官化思维的人物，如果从他这些年来的成就来看，他称得上是一个创造性的大师，他总是用自己的主观想法来描述潜在的苹果产品，然后会将这些想法明白无误地告诉所有的员工。如果他突然想到某一个点子，就会想办法让其变成现实，这也是为什么用户在使用苹果产品时会获得非常好的感官体验。

我们可以适当地进行联想，乔布斯出色的感官化思维能力和创造力首先应该来源于他的性格。在很多人眼中，他是一个极度自我、狂妄自大的暴君，他常常感情用事，利用自己的直觉来评价身边的人，来评价他人的工作。比如当他觉得某项工作做得不够好的时候，仅仅是因为他个人觉得不够好，而不需要任何理由。另外，这些感官化思维可能来源于他在大学期间的经历。事实上，乔布斯当年曾在里德学院选修美术字，在那里，乔布斯感染了艺术家的气质。而且乔布斯后来还选修过舞蹈学，并学会了对舞蹈动作进行分解，他的感官体验变得更加敏锐而自信，这或许直接影响到了他在工作中的判断力。

乔布斯的成就与魅力的确让人难以置信，但实际上，在商业运作与产品营销方面，他拥有一个最得力的助手——库克。库克是一个非常理性的人，注重逻辑分析和思考，他几乎从来不会像乔布斯一样如此主观行事，所以苹果公司的运作整体上是比较稳定的。此外，在人际交往和人员管理上，库克同样是一个非常容易亲近的人，他不会贸然地依据自己的主观想法来开除或者聘用一个员工，更不会直接对着下属大呼小叫，因为他在评价他人的时候，同样会进行理性的思考、分析和判断，他懂得利用结构化思维来定位每一个人在公司中的价值与地位。

尽管现如今的库克遭受了创新能力不足的指责，但事实上如果没有库克的存在，乔布斯时代的苹果公司肯定不会那么风光，毕竟这个理性的男人在人员安排和产品营销方面为苹果公司做出了重要的贡献。

对于多数人来说，他们并没有乔布斯那样幸运，拥有非凡的天赋和得力的助手来遮掩自身的缺陷，他们对感官化思维的滥用往往削弱了左脑理性分析的功能，总是随意做出判断，总是随意做出决定或者下达指令。他们常常在缺乏最基本的数据支持、最全面的分析以及最客观的事实依据的前提下，就依靠主观想法实施自己的计划，至少这样愚蠢的举动在如今的政治、商业领域以及一些生活领域随处可见。

就像我们在处理某个问题时，总是按照自己的感知和理解进行定义，然后不假思索地就认为事情应该怎么去做，却很少愿意保持冷静和理性对事情的各个方面进行分析，去弄清楚这件事的背景、原因、特点、所牵扯的利益，以及背后隐藏的一些玄机。这些感官并非总是正确的，它们甚至会成为误导我们的诱饵，就像我的老板伯德先生一样，只要有人在会议上使用“我觉得”“我认为”这样的字眼，他就会嗤之以鼻：“在某些白痴看来，太阳和月亮应该是一样大的。”他并不反对个人适当表达主观上的想法，但总是反对任何不经大脑分析和思考，且缺乏逻辑和客观依据的观点。这一点其实值得所有人引以为戒，因此在很多时候，我们必须适度转变自己的思考方式。

2003年，得克萨斯州的一个小镇通过了一项特殊的决议：禁止食用牛油果，原因仅仅是那里的人觉得这种食物看起来怪怪的。而瑞士的首都伯尔尼至今都没有机场，听起来简直不可思议，尤其是考虑到瑞士还是欧洲的发达国家，但是情况再明显不过了，市民们坚决不同意建飞机场，因为他们觉得飞机场的噪音太大。

但是如果对这些决定做出理性分析，就会明白这些民主机制的弊端，实际上他们提出的理由并不完全站得住脚，多数时候他们还是依靠自己的主观想法来做出判断。牛油果看起来很怪吗？或者说它们真的存在安全隐患吗？而伯尔尼的飞机场一定会比其他城市更吵吗？没有飞机一定会让整个城市

很显然，无论是政府还是市民，都没有真正去思考和分析某个项目存在的价值，他们只是单纯地依靠直觉来评定一件事是否正确，又是否值得去做。这种方式往往会破坏思考的作用和价值，因为多数人在思考之前已经忽略掉了那些最重要的信息。我们自以为

问题变得简单了，但实际上内在的逻辑与结构将会让我们为我们的鲁莽付出代价。

平面思维与单线逻辑思维

与感官化思维相对应的就是逻辑思维。逻辑思维追求理性以及内在的逻辑联系，看重的是物质的客观性，对一些思考性比较强的问题有很大的帮助。不过并非所有带有逻辑性的思维都能够起到很好的分析效果，也并非所有带有逻辑性的思维都适合用来进行思考。

最常见的就是平面思维和单线逻辑思维。实际上这两种低层次的思维模式虽然或多或少都和逻辑性有关，但它们具有很大的局限性，仅仅从字面上就可以看出它们绝对不符合一个特质：立体化（结构是立体式的）。因此这两种思维可以说是结构化思考中的两个伪命题。

比如平面思维是指人的各种思维线条在平面上聚散交错，也就是哲学意义上的普遍联系。这种思维更具有跳跃性和广阔性，联系和想象是它的本质，当然从根本上来说依然受到逻辑的制约。

不过这种制约非常有限，因为具有平面思维的人通常只能看到某一层面的现象及其联系，对与之相关的其他层面则视若无睹，而这显然不能称之为结构化思考，也无法形成真正的结构分析能力。

平面思维具有一定的逻辑性，但是这种逻辑性并不强烈，也不那么明显，或者说只是一种简单的逻辑。我们可以做一组实验，在一堆按照特定顺序排列的卡片上分别写上这样几组数字：16、06、68、

88、？、98。现在我们可以拿着这些卡片问任何一个人："第5张卡片上应该是什么数字？"

这样的问题对于很多人来说是一个大麻烦，我们可以尝试着用加减乘除，或者发挥各种想象力来计算这个数字，但结果是它与周边各个数字几乎毫不相干。在我遇到的朋友和同事中，几乎没有一个人能够给出一个令人满意的答案，这无关个人的智商。但这并非是什么天大的难题，因为在小孩子看来，这些问题并没有多难，他们往往轻易就可以说出一个答案"87"，原因很简单，在算题的时候，孩子们就已经尝试着将卡片倒过来看，因此从左往右的顺序就变成了86、？、88、89、90、91，这个时候，卡片上所写的答案就应该是"87"。

这就是典型的平面思维，而孩子们恰好更擅长使用平面思维来解决问题。画家通常是平面思维的践行者，一旦画笔和纸准备就绪之后，他们可以将那些和"画"有关联的东西全部联系在一起，石头、苹果、棉花、人树、圣诞老人、火、白云、大海，这些都可以用来制作精美的画。这是艺术家的一种灵感，但利用平面思维进行想象的话，则是一种结果。

它很有用吗？也许是的，但是在解决一些更为复杂、更为严谨的问题时，平面思维根本发挥不了任何作用，这种相对简单的思维模式无助于我们的思考，毕竟它总是将思考束缚在某一个固定的平面和层次内，而且将问题也过分简化了。

比如，霍克曾经是小布什总统智囊团中的一员，有传言称霍克很有可能会成为仅次于国务卿赖斯一样的红人，但问题是这位在经济学领域有着出色天赋的智囊团成员最后却销声匿迹，并且很快就离开了白宫。原因恐怕就在于霍克的能力问题。实际上霍克是一个非常优秀的经济学专家，他曾经为小布什的经济政策出谋划策。但他的短板同样很明显，那就是看问题只局限在经济层面。比如在伊拉克战争期间，他为小布什算了一笔账，认为美国出兵伊拉克的风险太大，对国内经济也很不利，并且列出了一大堆的数据。但是他并没有了解小布什的政治意图，并没有真正去挖掘这场战争背后的政治意义。而赖斯在这一方面却做得非常出色，她是一个能够思考全局并总领全局的人，能够从各个角度、各个层面来思考问题。

由于善用平面思维，所以霍克也许会成为一个好的经济学家，但永远成不了一个出色的政治家，因为政治家需要看得更多更远，需要建立起一种更加完善、更加复杂的认知体系，需要挖掘更为复杂的逻辑关系，而这是平面思维做不到的。

除了平面思维之外，另外一种就是单线逻辑思维，或者说单项线性逻辑思维，是指人的思维线条按照某一个方向进行扩散和延伸的思维方式。在这种思维模式下，思考者会按照纵向或者水平方向进行思考。比如当叙利亚发生内战时，我们会联想到外来势力的干扰，会想到内战背后各种国际势力的角逐，会想到美国在中东地区的利益。这就是一种线性逻辑的表现。

平面思维从某种意义上来说就是单线思维从某个方向进行延伸的结果，而且和平面思维一样，单线思维并非是一种系统的思维，它同样缺乏结构性。单线逻辑虽然具备一定的逻辑性，但是这种逻辑往往是单项的、片面的，思考者借助单线逻辑的确可以找出很多更有价值的信息，但与此同时，由于这些信息的单一性，思考者在找到某个原因后往往就会妄下结论。

比如黑人青年在美国的犯罪率一直居高不下，尤其是在一些黑人社区和贫民窟内，毒品、枪支泛滥，暴力事件频发。这已经成为一个严重的社会问题，美国各界都在密切关注这样的事实，尤其是最近频发的白人警察枪杀黑人，而黑人反过来暴力抗法的情况，使得黑人青年的问题再次被推到风口浪尖。

我们可以听一听华盛顿或者纽约那些政府官员是如何看待这个问题的。他们更习惯于将问题归结为家庭教育的失败，认为黑人辍学率太高，认为很多黑人父母缺乏最基本的家庭责任感与社会责任感。这是一个好理由，至少指出了事实的真相。

对于那些可能怀有“种族歧视”的白人来说（这是一个社会性的话题），他们的想法更为直接，那就是黑人天生就缺乏经营更好的生活的能力，他们更喜欢不劳而获，而且更容易受到那些非主流文化甚至暴力文化的影响。这样的观点越来越站不住脚了吗？并不是这样，至少在很多白人尤其是白人警察看来，他们的确有必要时刻拿着枪支来防备那些行为怪异的黑人。

而对于黑人群体本身来说，他们看待问题的关键在于政府的不作为，或者说是政府一贯性的歧视，他们觉得自己并没有获得更多更好的社会资源，包括最基本的受教育的权利以及一些福利。在他们眼中，正是社会分配的不公平造成了自身存在的种种问题。

这三种看法各有市场，但都不完全正确。这三方实际上都只是站在自己的立场进行思考，而且都是一种单项线性的思考，所以他们的原因往往也比较单调。但任何事情都是多方面的原因造成的，上下方面的原因是政府的不作为和家庭的不作为，没有为青年提供更为良好的教育；从左右方面来说，黑人群体的生活环境并不好，很多人常年生活在充满暴力、毒品、枪杀、强奸的恶劣环境中，他们的朋友或者亲人往往就是犯罪分子；从前后的原因来看，黑人青年的犯罪具备一定的动机或者导火线，他们是因为受到了什么刺激或者因为什么目的才产生犯罪的念头。

对于政府、白人、黑人来说，在判断问题的时候最好把自己提高到立体思维水平，尽量避免进行单线思考而武断地得出一个结论。

很明显，无论是平面思维，还是单线逻辑思维，都无法真正去挖掘事物的全貌，也无法全面地给出一个解决问题的方案，它们或多或少都影响了我们对于世界、对于事物的认知，并且诱导我们做出一些错误的行为。

思维的格式化与体系化

我的导师本杰明先生说过："一个最出色的思考者，他能看到一个以目标为核心向四周进行辐射的立体结构。所以出色的思考者的思考方式永远都像是在架构一个最具说服力的逻辑组合以及体系。"

不过多数人并不具备完整的结构化思考的能力，我们常常停留在感官化思维、平面思维或者线性思维之中，这使得我们的逻辑分析能力大打折扣。因此我们需要打造一种思维结构来强化事物内部各个要素的联系，并将这些要素有逻辑地整合在一起，形成一个完整的体系。或者说，我们有必要打破那些不合理的思维结构，并在打破那些不合理的结构之后重建一个更加理性的、完整的结构。而为了打造一个更为立体的思维结构，最重要的就是对原有的思维进行格式化。

所谓格式化，其实就是一种强行层次化、结构化的过程，在这里是指将原有的非结构化的思维方式清除，然后打造成一个有结构、有层次、体系化的思维模式。

格式化的第一步就是要对自己的思考对象贴上标签，这种标签实际上最常见的就是确定事物的属性。属性指的是事物的性质，一个事物的颜色、形状、气味等；而关系指的是大于、小于、关联、同盟、敌对等。

比如当我们在讨论水的时候，就可以知道水既具有物理方面的本质属性，也具有化学方面的本质属性。当人们从物理性质方面来考察水的概念时，必然会联想到它的物理形态：液体，具有胀缩和压力；无色，无味，比重为1；在一个标准大气压下沸点为100℃，冰点为0℃。如果我们从化学方面考察水，就应该考虑到，水是由氢和氧构成的最简单的化合物，其化学分子式为H_2O，或者可以说水可以和某些物质发生化学反应。很显然，人们根据生产、生活、工作等方面的需要，从不同的角度研究水的属性，并且给水贴上不同的标签，这样一来，在认识水的时候，我们的思维结构就被延展开来了。

确定属性或者标签是一个非常重要的步骤和过程。很多时候，人们之所以产生平面思维、线性思维就是因为他们只是选择了单一的标签，这样就使思维受到局限，无法通过更多有效的信息来获得延展。

就像我们一直都感兴趣的话题一样：比尔·盖茨为什么要给非洲

的孩子捐钱？

——“因为他是这个世界上最有钱的人，是微软公司的创始人。”

这样的答案是多数人第一时间会想到的，而且很多人甚至将其当成唯一的答案来看待。事实上，有人曾经就这个问题询问过不同阶层的人，结果在179位受访者当中，多达157人认为这是比尔·盖茨应该去做的，因为他是首富。

很显然，因为“有钱就可以去捐款”的想法已经深入人心，而毫无疑问，“首富”正好是盖茨身上一个最明显的属性和特征，也是他捐款的一个理由和基本条件。换句话说，他们觉得只要有钱，只要是首富，那么他就可以做任何事，自然也能够捐钱，或者说觉得捐钱本身就是有钱人才会做的事情。但仅仅通过这个特征，我们是否就可以了解盖茨捐款的原因呢？要知道这个世界上还有很多超级富豪，但是他们并不像他一样热衷于捐款。

所以仅仅依靠“首富”这一个标签还无法去了解他的全部，无法去了解发生在他身上的事情。我们需要更多的标签来定义盖茨这个人，需要更多的标签来构建一个更加立体、全面的盖茨的个人形象。

——“盖茨是这个世界上最伟大的慈善家，他所捐赠的款项超过了世界上任何一个人，并且承诺死后会捐出99%的身家。”这个描述定义了盖茨慈善家的身份和标签，也指出了他的价值观，因此他给非洲捐钱是合情合理的。

——“盖茨拥有善解人意的妻子和可爱的孩子，他非常重视自己的家庭生活，是一个顾家的男人。”这个描述是关于他家庭生活的定位和标签，显示出他对于家庭的看重，将心比心，他同样不希望看到非洲贫困家庭的孩子受到伤害，不希望看到更多的家庭因为贫困而受到破坏。

——“盖茨是一个精神领袖，不仅拥有良好的人脉，而且他的朋友圈中很多人都是富豪慈善家。”这个标签中有两个重要内容：第一，盖茨的很多朋友也都是有钱人和慈善家，大家有共同的价值观，彼此可以相互影响；第二，盖茨拥有非常好的人脉，能够引导更多的人投入慈善事业当中去。

通过对各个标签的处理和整合，我们就会形成一个更为全面的思考，并对盖茨捐款的事有更多的了解，对他个人也会有更深的了解。如果我们将话题换成“比尔·盖茨是谁”，那么就会发现打造这种思维的体系将会变得更有必要。

第一，我们需要确定他“首富”的身份。从这个标签出发，我们可以提到他的微软公司，可以提到他多年来占据财富榜榜首的传奇故事，可以提到他的创业经历。

第二，是“慈善家”的身份。我们可以从中去挖掘他从事慈善的历史，去了解他一共捐出了多少钱和他在世界各地的善举以及名下设立的各个基金。

第三，可以重点描述“顾家的男人”这个特征。我们可以针对这个话题进行拓展，比如他和妻子的爱情史，他如何抚养和教育自己的孩子，他在工作和生活中是如何平衡的。

第四，我们不能忽略盖茨在朋友圈中的影响力。尤其是作为一个精神领袖，他总是会对其他企业家造成很大的影响，这种影响不仅仅是商业上的，也是慈善和各种社会关系上的。

除了以上几个要点之外，我们还可以寻找其他的一些标签，而这些标签都会从不同的层面和角度进行扩散，并丰富盖茨的个人形象。

事实往往就是如此，我们需要跳出单一的思考模式，去尽可能寻求更多的标签，对思考对象提取的属性或者贴出的标签越多，标签的扩散和分层越来越精细，就越容易对该事物产生全面的认识。等到标签的数量越来越多，我们对于事物的思考也就变得更加丰富了，这个时候就应该建立起层次，并且想办法打造一个体系。从贴标签到层次化再到体系化，实际上就是一个思维结构缓慢建立起来的过程，最终就会形成结构化思考。

需要注意的是，在这一阶段，感官化思维能够帮助我们形成标签体系，因为直观的判断会让我们对世界形成最初的认识，这些认识会丰富标签的数量和质量。贴标签实际上就是一种对事物的界定能力，即我们认为“它是什么东西”，这里需要运用到感官化思维和逻辑思维。

先总后分与结论先行

通过前面几个小节的介绍，我们对于这些金字塔思维有了一个更为直观的理解，简单来说，金字塔思维就是从不同维度上来思考问题的一种方式。思考者需要突破自己单一的逻辑思维以及一些非逻辑性思维，并尽量从不同的侧面和视角来扩展事物的逻辑关系，而这些不同的逻辑关系就会形成一个基本的思维框架和结构，这就是金字塔思维的前提。

实际上将金字塔思维说得太过复杂并不符合这个思考法则的本质，我们在了解和运用该方法的时候，可以重点把握一个原则，那就是先总后分，而这是结构化思考的一个基本原则。简单来说，我们需要从不同的侧面和维度来全面地分析和思考某一个事物，而这种思考实际上具有一个核心的观点或者思想，我们的思考往往是围绕着这个核心思想来打造结构的。

所以最基本的模式应该是这样的：当我们想要思考“这个东西是什么”时，一定会分别列出不同的几个点来论述它究竟是什么；当我们想要思考“如何解决这个问题”时，一定会先想着如何列出解决问题的方法1、方法2以及方法3。

这是一个非常实用的方法，而在日常的生活中，我们会在一些简单的场合中运用这种方式来解决问题。或者说我们会习惯性地在自己的思考模式中表现出先总后分的原则。

比如，现在我们准备从纽约到洛杉矶去，那么首先要解决的一定是怎么去的问题，其中包括坐飞机去、坐火车去，或者搭乘客车或顺风车去。接着我们才会想自己应该坐地铁还是汽车去飞机场，会想着该怎样去火车站，或者联系顺风车。

这是生活中经常遇到的问题，我们在思考着从纽约到华盛顿的旅程的时候，实际上已经在头脑中设计出了各种不同的出行方案，并且对各个出行方案的具体实施情况做了各种分类和规划，这就是一种典型的先总后分的原则与结构。

公司内部召开会议，老板一直在强调该如何让公司挣到更多的钱，那么我们可以将这个问题理解为一个总的讨论话题，那就是“提升企业的利润”。那么在提升利润方面，可以从与利润息息相关的几个要素来进行考虑：提升效率、降低成本、提高报价、适当加大对盈利增长点的投入。接下来，我们可以具体分析每一个要素：

——提升效率是增加利润的一个有效方法。而提升效率的方式有很多种，比如提高技术和生产力，提升单位时间内的生产水平；加强内部合作与分工，确保流程的合理；加强管理和激励，提高员工的专注度和投入度。

——降低成本的方法有：掌握更合理的生产方式来提高效率，避免资源的浪费与不合理的运用，适当裁减那些不必要的工作人员。

——提高产品报价是提升利润最直接的方式。通过提高产品的报价可以有效增加收入，饥饿营销与捆绑营销是提升产品单价的常用方法。

——适当加大对盈利增长点的投入。企业可以重新调整自己的生产线，可以重新评估自己的各项投资。

通过先总后分的模式，我们可以更加简单明了地应对如何赚钱这个问题，也能够为企业的盈利设计出一个更为完善、合理的方案。

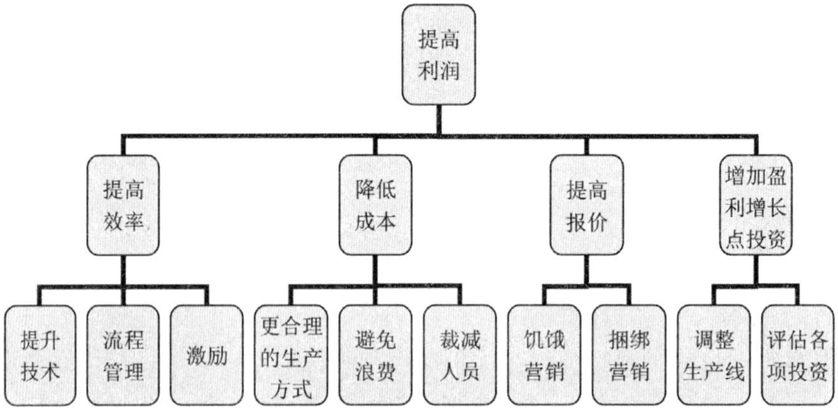

在生活和工作中，类似的情况非常常见。从表面来看，先总后分的模式是为了拓展层次，但是这种层次的拓展并非是单一的上下结构，其实在“分”的过程中就逐步实现了左右方向（横向）的拓展和延伸，所以它最终追求的仍然是一个立体化的思考模式。

正因为如此，可以说它是打开思维的一种有效方式，或者说我们可以将其直观地理解为一种建立在逻辑关系基础上的发散性思维。因为在思考的过程中，我们并不是任由自己的思维胡乱扩张和延伸出去，而是想办法先搭建一个最基本的框架，然后才一点点往里面添加各种内容。

在对某个问题进行把握和理解时，可以先从这个问题的几个方面进行入手，这样才能将总问题分解为各个解决问题的要素，接下来再对各个要素进行进一步的分解和分层，这样一来就可以形成一个更为详细、更为严密、更加精确和全面的结构。

比如在涉及国家经济改革的讨论时，政府通常的做法是设定一个基本的框架，也就是说重点把握有关国家经济的几个重要方面：货币政策、对外贸易、税收政策等，这些就构成了一个最基本的框架。然后讨论者要做的就是在这个框架内发表各种补充的内容，比如在对外贸易方面是否要增加出口，是否要提高外来产品的税收，是否准备打一场贸易战。

这样就没有人会指责某些议员在讨论经济问题的时候大谈军事和战争了，也不会有人把一大堆无聊的私人话题引入这些探讨经济的会议上来。利用框架来进行分析，可以明确思考的路径，引导每一个人应该思考什么，以及从哪一个方向上去思考。

不仅如此，先总后分的原则还可以确保整个思考过程更加纯熟，可以确保整个思考过程更加清晰、明确，可以更为直观地了解事物的本质和问题的关键，我们能够从中获得更多有效的信息，也可以规避更多潜在的风险。

先总后分的一个基本原则就是先提出结论，这个结论就是一个“总”的概念或者说中心思想，接下来的“分”就是为这个结论服务的，整个思考的深入其实都是为了得出这个结论或者证明这个结论。

对先总后分的原则进行分析，是一种自上而下层层分解的过程，结论通常指的就是一个中心思想或者核心的论点，而为了支撑这个核心概念，必须找出很多论据来进行解读。金字塔思维的关键就在于给任何自己想要思考的事情找到一个中心论点，而这个中心论点由三到七个论据进行支持。与此同时，这些一级论据本身也是论点，它们中的每一个都同样受到三到七个二级论据的支持，接下来是三级论据……这样层层分解就构成了整个金字塔思维。也只有这样才能够真正做到结构化思考，也才是真正的金字塔思维。

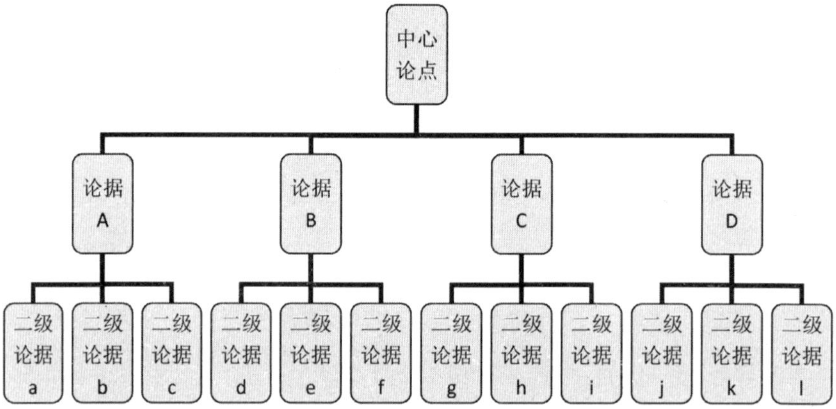

【延伸内容】逻辑思维是否意味着复杂和烦琐?

现在，在孩子的地理课本上仍旧能够找到“猜猜这是什么地方”的习题，书本上会提供一幅某个州的地图，然后让孩子们猜测这是什么地方，当然习题中会有一些文字提示，比如“该州靠近大西洋和切萨皮克湾，与华盛顿隔河相望，它的西面是肯塔基州”。

对于想要了解美国地理的人来说，想要弄清楚这是哪一个州，最简单的方法就是记住每一个州相关的知识，包括它的地理环境、经济情况、历史、文化、人口组成等多方面的基础知识，实际上这也是这些课文所要达到的目的。

所以我们在判断这是哪个州的图形时，必定先要费一番工夫进行记忆，然后运用所学知识进行理性思考，去寻找它与我们所学知识之间的关联，由此就可以知道上面所描述的州应该是弗吉尼亚州。这是我们运用逻辑思维解决问题的一个套路，无论是谁，我们都会这么做，尽管这些分析的过程比较复杂，但效果显著。

可是孩子们却从来不愿意多花时间去记住这些知识，他们对于逻辑思维那一套相对复杂的推理显得漠不关心，而他们在解答问题的时候拥有自己的方式，那就是简单“看图”。他们并不关心这个州的历史和文化，也不会对州的面积和人口死记硬背，更不会去花时间记住它的东西南北分别是什么州，他们所在乎的就是这个州的具体形状。所以当他们看到图形时，一下子就猜到这就是弗吉尼亚州，该州呈三角形形状，辨识度非常高。

看起来孩子们的形象思维比逻辑思维更加简单，更加高效，那么这是否意味着逻辑思维就是复杂和烦琐的代名词？是否意味着逻辑思维的低效呢？

针对这个问题，我们可以继续做这个看图猜地名的习题。这一次我们可以将“怀俄明州”的地图拿给孩子们猜，相信多数孩子都会一头雾水，因为对他们来说，一些特殊的地图形状固然令人印象深刻，但是一些图形很普通的地图就会让人犯难。像怀俄明州、科罗拉多州、堪萨斯州、南达科他州、北达科他州都是比较标准的方块状，这种类似于豆腐的形状会混淆孩子们的视力和思维。而如果运用逻辑思维，我们仍旧会分辨出这些州，并且熟悉它们各自所处的位置。

这个例子实际上指出了逻辑思维的重要性与科学性，而这种科学性就注定了它必须以最严密的形式出现，必须以逻辑关系来明确事物的特征，这些都是其他思维形式无法达到的。换句话说，寻找逻辑关系或者运用逻辑推理是我们进行理性思考的基本步骤，而为了确保思维的正确性，必须寻找更多、更详细、更为全面的逻辑关系。虽然并没有形象思维那么简单，却显得更加严谨。

考虑到我们多数时候必须在表达、思考、解决问题方面要保持思维的严谨，需要保持一个明确的思考脉络，逻辑思维的应用显得很有必要。尽管从体量上来说，逻辑思维会带来更大的信息量，会让我们思考更多的内容，但这并不意味着事情会变得更加复杂，有时候反而会变得更加简单，就像我们运用数学公式解答题目时一样，套用公式会简化运算步骤。作为一种可确定而非模棱两可的、前后一贯而非自相矛盾的、有条理有根据的思维模式，逻辑思维有效避免了一些混乱无序的思维方式，我们可以按照特定的逻辑来找出思维的捷径，而不是盲目地进行思考。

事实上，如果缺乏逻辑思维，我们的思考、表达将会变得更加混乱，而这种混乱会导致问题变得更加复杂。在多年前，希拉里·克林顿（美国前总统克林顿的夫人以及前国务卿）曾经提出了一项“健康安全法案”，事实上这个法案几乎让人倒胃口，因为她足足用了1342页来描述自己的法案。这个法案最后推出来时，大家都反应冷淡，有媒体抨击这是一项“无聊的法案”。

事实上，希拉里的法案中提出了很多重要的意见，而且希拉里的想法呈现体系化，但为什么最后却成为一个让人反感的法案呢？原因很简单，希拉里的法案看起来有点混乱。比如她在法案中提到了几项令人费解的观点：地区联盟健康计划、保险基金、保险过渡改革、同COBRA持续保险协作。

第一个讲述的是健康计划，后面几个却又讲到了保险业务上，这些观点可以放在一起来讨论，但是希拉里却生硬地将其独立开来，结果导致观点重复太多、内容混乱。希拉里看起来成功列举了各个要素，但实际上却漏洞百出，她的思维从本质上来说过于混乱，并没有真正把握事物内在的联系，更没有形成一个立体的思维结构。

很显然，逻辑思维是对我们思考的最基本的一个“束缚”，它要求我们的思维拥有一个明确的思考路线或者一个明确的思维结构。依靠这种特定的路线和结构，我们的思维就会变得更加简单高效，我们所要思考和描述的事物也能更加直观地体现出来。这有助于我们按照正确的轨道去追求真相，有助于我们正确地发现问题、理解问题以及想办法解决问题。

逻辑思维是看重前因后果的推理，也侧重从整体来看待问题，因此可以更加详细地描述事物的形态，可以对事物做出最为合理的规划，而且通过逻辑思维，人们能够抓住事物的本质规律，因此对于客观世界的认识会变得更加轻松。

比如在如何描述“人”这个概念时，有人会将其定义为“具有四肢的动物”，但很多动物都具有四肢；接着有人将其定义为“后肢站立，前肢灵活抓取的动物”，可猩猩与猴子同样具有这些特点。这些描述看起来很简单，却并没有抓住本质，因此也无法真正解释清楚“人”是什么，反而会造成思维的混乱。而运用逻辑思维，我们可以深入进行思考和分析，然后得出结论：“人是能够制造工具并熟练使用工具进行劳动的高等动物。”在这里，逻辑思维抓住了人的一个最本质的特点：制造并使用劳动工具。

虽然这个定义看起来信息量很大，但实际上理解起来非常清晰，并不会造成信息的误解和混乱，因此并没有让我们的思维变得更加复杂。从这个方面可以得知，逻辑思维实际上是一种能够抓住事物内在联系和本质的思维方法，而这本身就是一个让问题变得更加简单的方法。

第三章：思考的逻辑顺序

把握好具有逻辑的时间顺序

体系化、结构化的思考关键是要找到事物之间的某种逻辑关系，或者说逻辑是维持体系与结构的重要元素，一个体系能否运作正常，一个结构能否达到最优的配置，能否保持稳定，就需要确保逻辑的准确性。而且逻辑本身也能构成不同的结构，它们是对整个大框架的有效补充和完善。

这也就给我们提供了一个重要的信息，那就是任何事物都处于某个结构当中，而且依靠某种逻辑来成为整个结构中的一部分，因此寻找逻辑关系成为构建结构、体系的一个重要环节。当然，仅仅依靠打造一个基本框架，以及寻求逻辑还是不够的，因为在整个框架和结构当中，同一层级的各个结构、各个事物并不是随机排列的，在打造整个结构的时候，必须想办法分清楚它们之间的区别，了解它们的价值，因此就涉及到一个基本的问题：顺序。

在任何一个合理的体系和结构中，都需要确保内在结构和逻辑的顺序，对于任何一个团队、任何一个体系来说，顺序都是需要严格把握的重要元素。就像我们知道事物总是按照特定的顺序存在或者发展的，这些顺序决定了事物的特性和价值，也决定了事物得以存在的基础。从思维的角度来说，这种顺序实际上体现出了在同一层面上思维的运作模式。

时间顺序其实也是一种确定前因后果关系的顺序，思考者需要去了解究竟是什么原因而导致结果的发生，并确定产生某个结果的步骤与过程。时间顺序实际上是一个流程，是通过对某一流程的设想而得出的思想观点。就像我们想要做某件事情一样，我们可以选择不同的理由，采取不同的行动，这些行动就构成了一个过程、流程或者一个系统，而完成这个过程或者系统的行动并不是混乱无序的，而是必须按照特定的时间顺序依次进行。

这里主要存在两个基本的问题：一个结果是由不同的原因造成的；我们总是按照某种固定的流程去完成某一个目标。所以既要突出因果关系，也要显示出时间顺序。

我们可以对逻辑的时间顺序进行简化处理，比如我们在完成某个目标时，需要做好三个关键工作或者环节：A、B、C，这是实现目标的三个因素，而这三个因素之间存在时间上的先后顺序，也就是说只有先做好A，才能做好B，而B的存在又是为了实现步骤C。

比如，在一家公司里，老总想要开发一个新市场，那么第一步就是做好市场调查，了解顾客们的需求，第二步就是制定自己的行销战略，第三步是实施与执行自己的战略计划，第四步是了解市场的反馈情况，第五步是调整战略以确保迎合市场的反应与需求。如果说开发新市场是一个期望达到的最终结果，那么这些步骤既可以作为流程，也是实现这个结果的原因，这些原因形成了一个具体的流程，并且指向最终的结果。当然，在具体的思考模式中，由于所要考虑的步骤和内容比较多，因此很容易陷入混乱状态。

福特汽车公司曾经是世界上最出色的汽车公司，但现在他们遇到了一些麻烦，尤其是在销售方面，他们所做的事情的确乏善可陈。一年前，我曾跟随某个商业团队进入福特公司考察，福特公司的一位副经理埃尔文先生向我提到了最近公司里的困境，他和我讲述了自己的一些计划。

在这份计划里，埃尔文先生提到了有关提升销售额的方法：

1.与客户进行交流，了解他们的实际需求；

2.调整方向，制订新的产品研发计划；

3.抓好生产，提升生产效率；

4.把握市场的销售规律和需求；

5.进行市场调查，了解不同市场的销售情况；

6.调整销售部门的人员配置；

7.制订新的销售计划；

8.提升销售效率；

9.做好售后服务工作；

10.及时收集和整理反馈的信息。

这10条建议基本上涵盖了提升销售额的方法，但我听得晕晕乎乎，我自认为记忆力不错，但一下子记住那么多的内容确实有些困难。我不得不让他重复了一遍，然后把这些内容记在了一张纸上。埃尔文先生的计划糟糕透顶吗？我并不这样认为，实际上他的想法非常到位，思考的层次也比较明确，他的主要问题在于没有注意去厘清顺序，或者说他在思考和表达的过程中并没有意识到他的想法实际上在顺序上存在一定的纰漏，因此很容易造成思考的混乱，也容易造成理解上的混乱。

所以我后来建议他对这些计划方案进行梳理，至少在我看来，这些有步骤的计划应该把握好内在的逻辑关系，并凸显出时间上的先后顺序来。

首先，可以按照某种框架和结构，对这些建议进行分类；其次，对框架中的子结构进行整理，厘清它们的顺序。

把握市场的销售规律和需求：1.与客户进行交流；2.进行市场调查，了解不同市场的销售情况。

按照市场需求进行生产：1.调整方向，制订新的产品研发计划；2.抓好生产，提升生产效率。

对销售部门进行改革：1.调整销售部门的人员配置；2.制订新的销售计划。

通过售后服务来提升形象：1.做好售后服务工作；2.及时收集和整理反馈的信息。

我们可以据此制作一个简单的金字塔结构：

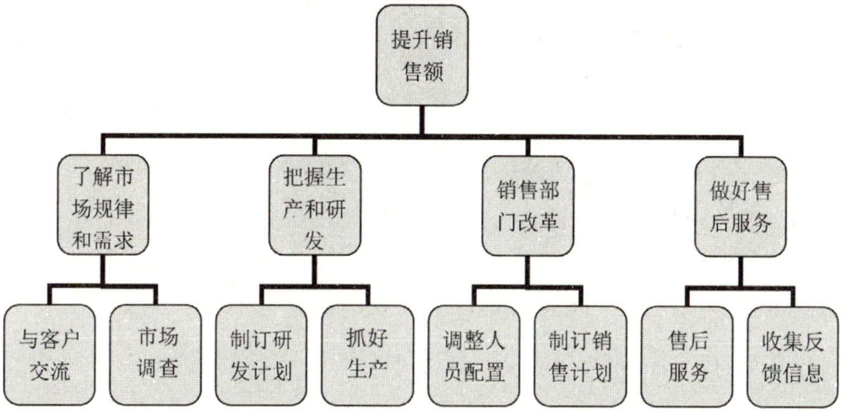

这个时候，我们就可以明确得知提升效率的四个方法和步骤分别是：把握市场的销售规律和需求；按照市场需求进行生产；对销售部进行改革；通过售后服务来提升形象。在这个过程或者说流程中，每一个步骤都是按照特定的顺序进行排列的，一旦弄混乱了，整个思考的目标就难以真正实现。

把握逻辑的时间顺序，有助于我们避免出现因果关系的错误，确保整个思维流程的合理正确。而在厘清这个时间顺序的时候，其实我们可以想象一下自己采取的某个行动会产生的影响，从而确定这个行动与其他行动的时间先后顺序，这样我们实际上就可以在把握目标的时候，确定行动的顺序：第一先做什么，第二要做什么，第三步主要做什么。通过不断推进步骤和流程，达到最终的目标，这个时候，才算是真正完整的思考模式。

金字塔思维离不开结构顺序

任何一个结构和框架，首先都有一定的空间，利用逻辑思维来填充整个框架的时候，同样需要注意对逻辑的空间顺序进行把握。结构顺序实际上是一种空间顺序，通常情况下，这种结构顺序和地理位置、空间格局有关，有关结构顺序的理解，往往出现在我们观看某些图片、地图、照片、简单的示意图时，我们很容易按照某种特定的顺序来想象某个事物所在的空间，而这个事物往往会被划分成不同的组来进行分析。

如果将美国的开发看成一个整体，那么就可以将这个整体切割成为“东部开发、中部开发、西部开发”三大部分，或者切割成“加利福尼亚州”“弗吉尼亚州”“新墨西哥州”“阿肯色州”“得克萨斯州”“密苏里州”“堪萨斯州”等50个部分，等到不同的地区或州按照自身特定的开发模式完成开发之后，美国才出现了今天的繁荣。

这是一个比较典型的结构顺序。毕竟对于结构顺序来说，最明显的一个标志就是涉及地域或者地理上的划分，现在我们可以描述一下加利福尼亚州的具体位置，通过描述可以对它进行简单的思考，并得出这样的结论：位于美国西海岸，西临太平洋；北部靠近俄勒冈州；往东与内华达州及亚利桑那州接壤；南部与墨西哥相邻。通过对东南西北几个方位的描述，就可以在地图上确切地知道加利福尼亚州的地理位置。而这种空间上的定位实际上就是一种结构顺序，它将“加利福尼亚的具体地址”这个大的位置分解成了四个方位性的描述。

这四个方位的描述并没有一个固定的顺序，但我们可以按照一个特定的空间顺序来描述，比如按照顺时针的顺序进行描述，所以顺序是西—北—东—南，或者是东—南—西—北。

除了地理方位的思考和描述之外，最明显的就是某些组织结构，最常见的就是公司的组成结构，因为公司就是由不同的部门和组织结构组成的。比如很多人都想要了解谷歌公司为什么会走向成功。要解决这个问题，最简单的方式就是对谷歌公司进行切割。我们知道它拥有人事部、研发部、策划部、市场部、会计部、客户服务部等部门，而接下来我们只需要思考每一个部门具备的特色与要素即可，这些成功要素之间的逻辑关系就构成了结构顺序。

所以问题变得一目了然，我们可以重新进行总结：研发部技术雄厚，策划部创意十足，人事部注重人才的合理安排，市场部注重客户体验和需求，会计部拥有最出色最能干的会计师，客服部提供了最优质的服务，这些不同部门之间的优势决定了谷歌公司是一家成熟且伟大的公司。

不过，在对谷歌公司进行分解的时候，我们看重的是各个部门在内部空间里面的存在，而不是看重整个公司的活动流程，因此并不能算是逻辑的时间顺序。如果我们在讨论谷歌公司的成功时，提到的是方案策划、研发生产、市场销售、售后服务等活动，那么就可以按照时间顺序来进行思考，而单纯地分解为各个部门，然后独立地对各部门进行分解和分析，这就是一种结构顺序。

需要注意的是，在把握结构顺序的时候，一定要确保坚持两个基本原则：各部分相互独立；所有部分完全穷尽。从上面的例子来说，将整个公司分解成为各个部门来分析，这些部门的组成各不相同，所从事的主要业务也不一样，因此是相互独立、相互排斥的，其没有任何重叠。研发部门和营销部、人事部等部门都是相互独立的，而且这些部门叠加后就是整个谷歌公司，因此并没有出现遗漏的情况。

这两个基本原则是创建逻辑结构的重要原则，一旦违反了这两个原则，或者不符合这两个原则，那么整个逻辑的结构就存在严重的问题，我们的思考也会出现重复和遗漏的情况，有关问题的分析和思考也会出现误差。

把握逻辑的结构顺序既是一种思考的需要，也是一种表达的需要。一些错误的思考方式会导致表达上不够严谨，所以我们反过来可以使用结构顺序来检查我们所表达的内容或者书写的文件是否正确合理，是否存在逻辑错误。

比如有家公司准备进行改革，于是安排相关人员拟定了一份重要的文件，在公司例行会议上，公司的总裁当众宣读了文件。文件的内容如下：

1.运用绩效考核制度淘汰一批人，提升一批人；

2.从国外引入一批新的管理人员；

3.重新评估和分析组织结构，实施流程化管理；

4.兼并或者撤销过多的管理部门；

5.制定新的工作守则，增强管理的纪律性；

6.调整管理方式，管理不善的干部将会受到处分；

7.确保每个客户感到满意；

8.干部实行岗位轮换制，半年轮换一次；

9.制订每一个项目改革的可行性方案。

听完这几条方案之后，大家会产生什么样的想法呢？大家会觉得这些方案很不错或者很无聊吗？我想多数人的第一感觉是，方案的内容听起来还不错，但是内容与形式太过散乱、无序，而且听完之后，我们根本不清楚公司的改革主张是什么，不清楚公司改革的要点在哪里，所以很多人要么不愿意浪费时间听这些毫无头绪的话，要么就觉得这只是总裁随口提出的几个小方案而已，不值得太过重视。

其实用结构顺序对整个文件进行检查和分析，就会发现这份文件的表述方式存在很大的问题：

其中第9条方案是对之前几个方案的总结，因此可以直接剔除；

第1、第2和第8条说的是同一件事，因此这三点可以合为一条方案，即“人事调动”或者“人事改革”；

第3和第4条属于“组织的调整和改革”；

第5和第6条属于“制度管理改革”；

第7条所指的应该是提升售后服务的质量，而这里讲得太过笼统，可以提出具体的措施。

通过分析，就可以对文件中的改革内容进行整合，并且我们能够清楚地知道，对方所说的改革主要包含了四个方面：人事改革、组织改革、管理制度改革、服务体制改革。很显然，运用结构顺序进行分析之后，整个文件的逻辑顺序变得更加清晰，公司接下来只需要按照这四个方面提出具体的改革措施即可，这样就能够确保改革方案的全面性和完整性。

正因为如此，结构顺序在思考的过程中非常重要，我们在分析和解决问题的时候，都可以有效运用这种方式来厘清内部的逻辑关系。

排定主次位置的重要性顺序

重要性是指人们按照事情的轻重缓急来安排好自己的工作。比如在日常生活中，很多人都有制作日常工作计划表的习惯，而在制作计划表的时候，通常会对一天所要做的事情进行一个基本的分类，并且会刻意厘清先后的顺序。事实上，我们常常会说“今天很忙”，然后将一天的工作全部列举出来：

——帮父母预订一张去北京旅游的火车票

——向老板提交报告

——向同事打听下个月周杰伦来本地举办演唱会的消息

——整理上个月的文件，并进行文件归档

——不要忘了买一个新的台灯回家

在处理这些事务的时候，我们需不需要进行梳理和排列？还是随随便便抓起一件事去做，然后逐一完成？事情显然不那么简单。首先我们必须意识到这些事情并非都很重要，或者说它们的重要程度不一样，因此在执行的过程中完全可以按照轻重缓急的顺序来进行安排。

由于是工作期间，因此我们应该以工作为主，所以工作（提交报告、整理文档）自然会被放在第一位，家庭中的任务（购买火车票和台灯）可以排在第二位，个人娱乐（演唱会信息）应该放在末尾。

我们还可以进一步进行划分，老板交代的事情往往最重要，因此第一件要做的事情应该就是提交工作报告；做完老板交代的事情之后，我们接着可以整理文档，因为这是自己的分内工作；接下来，我们可以预订车票、购买台灯，有空的话可以向同事打听演唱会的相关信息。对于一个上班族来说，这样的安排有效兼顾了工作和生活的需求，确保自己的工作不会受到影响。

事实上，任何事情都有轻重缓急之分，那些重要的事情关系重大，影响也更大，因此应该优先解决，至于那些次要的工作则可以适当延后。管理学家斯蒂芬·科维曾经提出了著名的“四象限”法则，他将工作按照重要和紧急两个维度进行仔细划分，分为“既紧急又重要”“重要但不紧急”“紧急但不重要”“既不紧急也不重要”四个象限。在“四象限”法则中，重要的工作被排在前面，而不那么重要的事情则被安排到后面进行解决。“四象限”法则实际上就是一个重要性顺序的法则，它所提倡的就是将那些最重要的事情放在第一位，然后才是其他的事情。

在不同的场合下，我们可以按照不同的逻辑顺序来进行思考，确保办事的效率。这种顺序在生活和工作中非常常见，而在金字塔结构内，重要性顺序是指我们对某一组具有共性而被聚集在一起的事物所采用的顺序。首先我们要针对某个具体的事物进行思考，将其划分成不同类型的思想组，然后在每一个思想组中明确所有问题的共性，并依靠自己的知识、经验、直觉来判断哪些事情应该先做，哪些问题应该有限进行思考，从而对每个思想组中的想法进行重要性的排序。

相比较而言，时间顺序看重步骤和流程，它是一个流程内的划分；结构顺序往往和空间、地点、部门有关，是一种空间上的划分；而重要性顺序是一个比较好理解的逻辑顺序，我们只需要在思考过程中，依据自己的经验对事情的重要、次要缘由做出判断即可。

比如在2005年的时候，外界传言政府决定重新建造世贸大厦。如果是真的，那么这绝对是一个不错的想法。众所周知，在九一一事件中，美国世贸大厦双塔遭到摧毁，现在政府开始计划重建世贸大厦，此举是否能够成功还是一个未知数，我们可以想象政府在决定重建世贸大厦时，需要考虑到各个方面的因素，其中一定包括民众的情感、经济条件、地理位置、设计的方案等。

那么在思考和设计可行性方案的时候，以上四个因素根本不符合时间顺序，也满足不了结构顺序，因此只能按照重要性顺序来进行思考：

首先要考虑的肯定是民众的情感。事实上，连最缺乏人情味的总统也会知道情感因素应该被摆放在第一位，尤其是要考虑到这些年来九一一事件带来的创伤。

其次是经济条件。这些年来，美国的赤字非常严重，政府是否有足够的资金来建造新的世贸大厦呢？新的世贸大厦会不会对其他方面的资金投入造成影响？

然后是地理位置问题。在寸土寸金的纽约，寻找一个好的地段（必定要位于市中心的繁华地带）来建设如此庞大的工程项目，并不容易。而是否在原址上进行重建也同样是政府应该重点考虑的事情。

最后就是设计方案问题。政府该如何重新设计新的大厦呢？是改变风格和样式，还是遵循原先的设计理念呢？无论是创新还是复原，这些都足够引发激烈的讨论。

制定一个基本的顺序之后，政府会专门针对每一个要素进行深入的探讨和调研，提出相应的解决办法，以此来丰富整个可行性计划的方案。保持这样的逻辑顺序是非常必要的，它体现出了政府所关注的一些焦点问题，或者说实施重建计划的主要障碍，并以此来确定工作的重心。

事实上，如果政府不知道什么才是最重要的，什么才是次要的，或者说政府没有进行缜密的思考，那么整个逻辑顺序就会出现大问题。我们可以想象一下，一旦政府觉得经济条件会是最重要的，那么他们的首要任务一定是说服国会进行拨款，一定是想办法先筹措资金；或者政府一开始就急于思考“大厦的设计方案”，那么他们的工作重心首先会偏移到寻找设计师、打造设计图纸等工作上来。

从表面上来看，这不会有什么问题，但是对于民众来说，政府并没有顾及大家的心声就擅自决定重建一个曾经带来沉重灾难和阴影的大厦，这无异于是对大众的蔑视。我们可以想象得到，接下来政府的形象将受到很大的损害，因为民众会对他们产生信任危机。但是如果政府一开始就将民意调查作为工作的重心，然后针对性地做好调查、安抚和宣传工作，就像总统所说的那样：“美国人是不会被恐怖袭击吓倒的，我们有信心重新站立起来。”这样的激励性话语毫无疑问应该在最先说出来，而不是等到他们到处筹钱，或者明目张胆地张贴出那些设计图纸之后。

由此可见，先后顺序的排列非常重要，尤其是考虑到一些比较敏感或者容易产生较大影响的事情，我们更加需要把握好逻辑的重要性顺序，否则就可能会让自己陷入尴尬的境地。

演绎推理过程中的逻辑顺序

如果对时间顺序、结构顺序、重要性顺序进行分析，就会发现它们存在一个共同点，那就是它们在本质上都是一种归纳性的逻辑顺序。所谓归纳是一种从许多个别的事物中概括出一般性概念、原则或结论的思维方法。它是一种常见的推理方法，包括从部分到整体、从特殊到一般、从个别到普遍的推理。时间顺序、结构顺序、重要性顺序都是从部分到整体的推理模式，因此可以说以上三种逻辑顺序都是从归纳推理的基础上产生的。

与归纳推理相对应的是演绎推理，演绎推理就是从一般性的前提出发，通过推导的方式得出具体陈述或个别结论的过程。演绎推理主要包括三个方面：第一个是大前提，第二个是小前提，第三个就是建立在前两个前提上的结论。大前提通常是一般存在的规律，小前提是研究的个例或者特殊情况，结论就是根据一般的原理对个例或特殊情况做出的判断。

在演绎推理中，我们的思维是按照演绎顺序来推进的。比如苹果公司的乔布斯在替自己的产品做宣传时，半开玩笑地说："众所周知，苹果公司的手机是世界上最好的，对于拥有一部苹果手机的人来说，他就拥有世界上最好的手机。"这段话听起来像是废话，但实际上就是一种典型的演绎推理，在表达自己要表达的想法之前，乔布斯就是按照演绎顺序进行思考的。

在这里，“苹果公司的手机是世界上最好的”是一个大的前提，“拥有苹果手机”是一个小前提，结论就是拥有苹果手机的人会拥有世界上最好的手机。这种顺序通常很好把握，我们可以轻松厘清思路，构建最基本的思考模式。

事实上，我们从小接受的教育中就包含了各种各样的演绎顺序。我们的父母总是不厌其烦地传授这样一个基本的礼仪问题，那就是父母应该得到尊重，当然他们通常都会这样组织自己的语言：“长辈应该得到孩子的尊重和爱戴，父母是长辈，所以父母应该得到孩子的尊重和爱戴。”

在圣诞节到来的时候，小孩子很想来一杯鸡尾酒尝尝，父母通常该怎么说呢？让孩子们管好自己的嘴巴，或者直接呵斥酗酒是一种鲁莽的、不文明的行为？这样做恐怕无济于事，因为在他们看来，父母也时不时地喝点鸡尾酒庆祝一下，他们通常都不能理解为什么自己会被区别对待。如果父母想要让孩子保持安静，并确保他们能够将自己和成人区分开来，就必须保持足够的理性，必须拿出自己的逻辑思维来想办法说服孩子。最好的描述应该是这样的：“没有成年的孩子是不能喝酒的，你还没有成年，所以你还不能喝酒。”

在学校里，我们面对的依然是这一套逻辑推理方式，比如“三角形内角和是180°，直角三角形是三角形，因此直角三角形的内角和也是180°”。这里的“三角形内角和是180°”是一个大前提，“直角三角形是三角形”是一个小前提，“直角三角形的内角和也是180°”就是由大前提和小前提推理出来的最终结论。

在数学证明和逻辑性比较强的项目中，这种推理非常普遍。爱因斯坦说过：“理论家的工作分为两步，首先是发现公理，其次是从公理推出结论。”爱因斯坦所倡导的就是一种演绎法，而培养这种推理方法则需要一定的数学才能。

从大前提，到小前提，再到结论，这就是一个完整的演绎推理。把握这样的推理方式对于增强结构的逻辑性有很大的帮助。简单来说，善于使用演绎推理来思考的人，他们的逻辑性非常强，往往可以很好地利用已经存在的一般规律来提升自己的说服力，或者提升思考的准确性。

在这个顺序中，大前提和小前提必须是真实的，这样才能确保整个推理过程不会出错。就像乔布斯所说的那样，苹果手机是世界上公认的最好的手机，因此他的结论并没有太大的争议，相反，如果我们至今仍旧认为诺基亚是最好的手机，并觉得拥有诺基亚手机的人就能够获得全世界最好的手机体验，这样的可信度就下降了很多。事实上只要依靠一个具有普遍意义的大前提，我们的思维就很少会发生太大的偏差。

此外，推理的过程必须符合逻辑规则，违背逻辑规则的推理同样会产生错误，因此演绎推理保证推理有效的根据并不在于它的内容，而在于它的形式，只要形式上符合逻辑规则，那么就可以确保整个演绎推理的正确性。

“大前提—小前提—结论”，这是三段论形式的演绎推理，因此其顺序是“从大前提到小前提，再到结论”。这种推理的逻辑形式对于理性的重要意义在于，它对人的思维保持严密性、一贯性有着不可替代的校正作用。而除此之外，演绎推理还有其他的方式。

——假言推理（如果A则B的推理方式）

在小学生的几何作业中，常常可以利用一些判断和推理的方式进行解答，比如孩子们往往会遇到这样的题目：判断一个图形是不是正方形。对此，我们可以按照这样的方式进行思考：如果一个图形是正方形，那么它的四边相等；某个图形四边不相等，因此它不是正方形。

——选言推理（反映事物的若干种情况或性质至少有一种存在的推理方式）

比如我们在分析“原因”这个词是褒义词还是贬义词的时候，可以按照选言推理的方法：一个词要么是褒义的，要么是贬义的，要么就是中性的，“原因”是一个中性词，所以“原因”并不是褒义词，也不是贬义词。

——关系推理（前提至少有一个是关系判断，并按其关系的逻辑进行推演的方式）

“A公司的营业额比B公司多，B公司的营业额比C公司多，因此A公司的营业额比C公司要多。”

“100厘米=1米，因此1米=100厘米。”

假言推理、选言推理、关系推理这三种演绎推理都具有一定的逻辑性，但是想要形成一个金字塔结构，这几种演绎推理并不适合，只有三段论的演绎推理才能够真正契合金字塔思维模式，才能确保整个思维结构中的逻辑顺序。

【延伸内容】确定逻辑顺序的技巧

确定逻辑顺序是我们了解和运用金字塔思维的一个重要步骤，只有掌握了正确的顺序，才能将所有的思路理清楚，才能确保金字塔思维的实施。不过在很多时候，我们对于逻辑顺序的确定常常会出现误差，甚至将逻辑顺序搞乱，而这往往会对最终的思考产生很大的影响。

事实上，在某些时候我们容易对逻辑顺序的一些特征产生误解，或者说容易忽视这些逻辑顺序，以至于我们看重的仅仅是整个先总后分的框架。这样一来，我们可能会在一些问题的处理上出现变动。

比如，费城的诺玛公司制定了一套非常合理的发展和扩张策略，那就是从东海岸向西海岸逐步扩张，在公司未来发展的规划书中，其市场扩张路线是：东海岸（靠大西洋海岸）—中部地区—西部地区（靠太平洋）。

很明显，东海岸、中部地区、西部地区都是一些地名，表面上看起来，诺玛公司的思考是按照结构顺序来进行的，但情况却并非如此。由于公司的落脚点在东部地区，公司的资源也集中在东部地区，加上东部地区的市场更加发达，相应的条件更加完善，因此东部沿海地区实际上是一个最佳的起点。也就是说诺玛公司一开始会将所有重要的资源集中在东部市场的开发上，等到时机成熟（市场逐步打开，品牌形象建立，知名度得到提升，企业规模扩大），公司会慢慢寻求扩张，以期获得更大的市场来满足发展的需要，这个时候，它需要向周边的城市和地区进行辐射，在中部地区的扩张会成为公司发展第二阶段的重要任务。一旦中部市场被占领（获得期望的市场份额），诺玛公司则会依靠逐步积累的影响力继续西进，从而慢慢打开西部地区的市场。

通过对这个方案的分析，就可以发现，诺玛公司有关扩张的整个计划和思考，并不是单纯地说要占领哪些地区的市场，而是重点突出了企业扩张的过程和步骤。在这里，东部沿海地区和中部地区、西部地区存在一种渐进的关系，它们是流程上的不同环节，存在时间先后顺序，而且和最终占领全美市场的目标存在因果关系（时间顺序的基本特征）。因此，整个计划实际上是按照时间顺序来推进的，而非结构顺序。

这就类似于我们所了解的美国发展史，众所周知，美国的发展大致上是从东往西发展的。从大西洋沿岸的富庶之地开始，美国人一点点向西部开始扩张，其中自然包括屠杀印第安人、西部掘金等历史。这其实就是一种格局，早期的美国政府拥有自己的发展规划，这个发展规划可以按照步骤进行划分：先开发东部，然后开发中部，最后开发西部。

如果对诺玛公司的计划进行转变，那就是制订征服全美的方案，在这个方案中，公司强调要努力占领东部、中部和西部地区的市场。这个时候，东部沿海地区、中部地区以及西部地区实际上并不存在哪个市场先开发、哪个市场后开发的问题，它们只是公司扩张计划中的三个市场而已。这种思考方式就是典型的结构顺序，企业采取化整为零的方式，将整个市场（整体）划分成三个小市场（部分），这完全符合结构顺序的特征。

如果对这个计划再次进行调整，公司在计划中特意强调一定要先开发东部沿海地区，因为在东部沿海地区，企业所处的商业环境更好，发展空间也最大，这里是企业的大本营，也是发展的重心与业务核心所在地，对于公司来说，60%的营业收入将会从东部沿海地区的市场上获得；接下来是中部地区，未来它会为公司提供27%的销售额；最后则是西部地区的市场，它的整体销售额占据公司营业销售的13%。从这个计划可以得知，诺玛公司在确定三大市场的扩张时，并没有按照时间顺序，而空间顺序也并不明显，事实上，它依据的是重要性的原则：东部沿海地区的市场最重要，中部市场次之，西部地区位居最后。这样的发展模式就是按照重要性顺序来进行思考的。

通过上面的例子，我们就会发现同样是开发和扩张三个市场，由于表达方式的不同，或者说按照不同的思路进行规划和设计，整个方案的设计就会呈现出不同的逻辑顺序，最后的结果可能也会产生误差。因此我们在确定逻辑顺序的时候，不仅要明确思考的对象是什么，还要明确思考的方式。关键是要明确自己的发展状态、需求和目的，弄清楚自己是按照因果关系、整体和部分的关系还是主次关系，然后才能确定思考的逻辑顺序。

在确定逻辑顺序的时候，不能千篇一律地依靠一些表面特征来做出判断，应该尽量思考内在的联系，要注意把握不同逻辑顺序的基本特征（本质），只有这样才能够运用最正确的逻辑顺序进行思考。

各思想之间的逻辑关系并非总是非常明显，这需要我们深入问题的本质去进行分析，而有的时候思想包含的信息量太大，或者说表述的句子比较长、内容比较复杂，我们同样无法确定思想之间的关系。更多时候，我们希望简化信息，以便能够做到快速思考和分析。在这个时候，应该先把那些语句较长、信息量较大或者内容太过复杂的句子变成能够说明其实质的短句；然后再将相匹配的短句组合在一起，包容在同一个思想组之内；最后按照思想之间的逻辑关系来确定具体的逻辑顺序。

需要注意的是，在确定逻辑顺序的时候，实际上也是对自己思路的一种自我检查，可以确定自己的思考方法是不是正确，可以检查自己的想法是不是出现了错误和遗漏。如果某一组思想既不是按时间顺序，也不符合结构顺序、重要性顺序以及归纳顺序，那么就证明了这些思想观点之间不存在逻辑关系，或者说我们的思考还不够周全，甚至出现了混乱的现象。通过检查，我们可以完善自己的思考，并借此强化自己的核心思想和内在的逻辑。

第四章：金字塔思维

如何理解金字塔思维?

当我在外面进行演讲的时候，经常有人会问我这样一个问题："金字塔思维究竟指的是什么？"关于这个问题，我在很多时候都是举一个简单的例子进行解答。如果直接从字面意思去理解，那么就是"一种按照金字塔结构的方式去思考的方法"或者"一种类似于金字塔结构的思考方式"，或者说是"一种将问题分析成金字塔结构的思维方式"，这些似乎都可以说得通。

那么究竟该如何来理解金字塔思维呢？金字塔思维所包含的一些基本要义是什么？它的结构又是怎样的呢？其实，金字塔思维是一种结构化思考，它注重的是思维的逻辑性与结构性，如果对前面三章的内容进行整合，那么实际上就是对金字塔思维的一个总结。如果对金字塔结构进行分析的话，那么就包括金字塔框架、金字塔内部的逻辑、逻辑的顺序这三个要素，框架是一个最基本的构造，逻辑则是组成结构的基本要素，而顺序则是逻辑的一个重要特征。

当框架、逻辑以及顺序都得到满足的时候，整个金字塔思维也就建立起来了。现在我们可以做一个最直白的定义，所谓金字塔思维就是确定一个金字塔的思维框架，并确定内部结构的逻辑以及顺序的思考方法。这个思考方法最终体现出来的是一种先总后分的结构。

如果按照金字塔结构来进行划分，思考者先提出一个论点，然后寻找支持这个论点的一级论据，接着将一级论据作为论点，寻找支持这些一级论据的二级论据……以此类推，层层分解，这个分解的过程就是金字塔思维。

事实上，我们可以在纸上画出最基本的金字塔结构图，这些结构图能够更为直观地体现出金字塔思维。与此同时，我们可以明确地知道思维的两个运动方向，即纵向思考和横向思考，而它们恰恰是金字塔结构中两个最重要的子结构。建造金字塔思维的关键就在于确保思维能够在纵向与横向两个方向上进行扩散，并以逻辑重新进行组装。

金字塔思维的关键在于寻找逻辑，而纵向思维与横向思维则打造了比较完整的逻辑关系体系。在纵向思维当中，思考方式是按照自上而下或者自下而上的顺序进行的，横向思维则按照演绎或者归纳推理来进行，将纵向的逻辑关系与横向的逻辑关系进行综合，这就是金字塔思维的一个重要核心内容。所以从某种意义上来说，金字塔思维就是在特定框架内进行纵向思维与横向思维拓展的一种思考方法，而这种思考的模式最后呈现出金字塔的模式。

比如我们在表达的时候，首先要做的就是表明自己的立场，这就是一个结论或者中心论点，这个中心论点就位于金字塔的顶端；而为了验证这个结论，我们会分别提出不同的观点。接下来，每一个观点下面又可以分解出新的理由来支撑。就像我每天晚上提醒孩子必须喝牛奶一样，我的理由：促进营养吸收、促进睡眠、具有保健功效。

在营养吸收方面：临睡前喝牛奶是促进钙质吸收。

在促进睡眠方面：镇定凝神，舒缓压力，催眠作用。

在保健方面：提高机体免疫力，美容养颜。

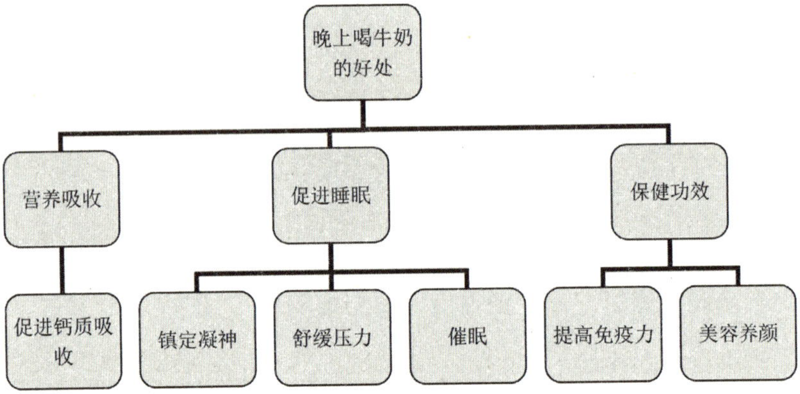

这就是一种层层分解的金字塔结构，按照这种结构进行思考，我就可以更好地说服孩子在睡觉前美美地喝上一杯牛奶。

同样，在写作的时候，我们需要提炼出一个中心思想或者主题，也就是说我们写的主要是什么东西。围绕着这个中心思想，我们可以划分章节、段落，接下来则可以在段落中组织好每一个句子。

比如公司让我们提交一份活动策划方案，那么在构思策划方案的时候，首先一定要想好主题，要弄清楚方案的核心内容。接下来我们可以围绕着这个主题进行章节的布置，包括活动的背景、活动的目的、活动的意义、活动的过程、活动的经费预算以及主要参与者。在章节中，需要加入更加详细的描述，包括各种数据的补充和句子的组织。所以整个活动策划方案可以打造成这样一个结构：

塔尖：活动的名称；

塔身：活动的各个环节和项目；

塔基：项目中的基本内容。

按照这样的模式来构思方案，就是一种金字塔思维的体现。而在其他很多方面，我们都可以按照这种特殊的模式来进行布局。从这一方面来说，金字塔思维实际上就是打造了一个思维结构，然后当我们在思考问题的时候，可以直接将这个问题放在金字塔结构中。在生活的很多方面，我们都可以看到金字塔的影子，或者我们也可以运用金字塔思维来进行解决。

金字塔思维的基本结构

如果从结构上来进行分析，那么金字塔思维实际上就是一个层层分解的结构化思考模式，那么这个结构中的两个基本元素就是论点和论据，而这两个要素实际上也构成了金字塔思维内部的一些基本结构。其中论点就是中心观点或者主题，而论据则依靠具体的逻辑关系来构建了纵向结构和横向结构，因此可以说，论点以及横向结构、纵向结构是构成金字塔思维的三个基本结构或者子结构。

——主题

如果对人类的思维活动进行分析，那么就会知道任何一种思考行为都是有目的性的，都是围绕着某一个事物或者观点来进行的，脱离某一件事或者某一物质的思考是不存在的。即便是唯心主义者也会觉得思维不会毫无目的地出现，只要个人一产生了想法，或者一旦开始思考，那么必定是围绕着某个东西——一个人、一个物品或者一件事情来进行，而在这个思考的过程中，思考者必定有一个基本的思维焦点。简单来说，就是思考的人在想些什么，有一个什么样的主题，或者说他围绕着这个主题有什么样的想法和观点。

比如小孩子想要吃汉堡包，那么“吃汉堡包”可以成为一个主题事件。这是一个非常泛化的主题，如果将其作为一个目标，那么所要思考的就是“如何吃到汉堡包”或者“吃汉堡包的方法”；如果我们是为了阐述某一个观点，或者描述某一种现象，那么可以将主题转化为“为什么要吃汉堡包”或者“为什么孩子不能吃汉堡包”。

又比如多伦多1号电力公司最近几年遭遇了严重的亏损，为了达到扭亏为盈的目的，他们需要及时进行改革。那么扭亏为盈就是思考的一个重点方向，改革就是一个主题，或者说是公司内部革新派的一个观点。接下来公司就可以针对这个主题展开思考，即怎样进行改革，或者说怎样推进改革的步骤。当然，保守派和反对者们对改革提出了严正的抗议，他们甚至打算将这件事闹到国会和总统那儿去。这个时候，主张改革的人必须思考和设计更为精密的计划方案，这个方案需要包含两个方面：改革的理由（如何说服反对派），改革的具体步骤和行动计划（怎样推进改革）。

主题实际上就是金字塔思维的对象，或者说就是金字塔思维得以展开的一个开始，可以说围绕着这个主题，我们才能按照金字塔结构来推进自己的思维。

需要注意的是，主题的提出并不是仓促的，没有人会一上来就告诉别人“我要做什么”，或者说莫名其妙就思考要去“解决某个大问题”，所有的行动都事出有因，所有的思维也都事出有因。也就是说主题的确定往往是因为某件事引起的，或者是因为在某一个大背景下引发出来的。就像孩子要吃汉堡包一样，潜在的背景可能是因为他看到了很多孩子在吃这个，或者说是因为他已经很多年没吃过汉堡包了。而多伦多1号电力公司之所以要进行改革，其背景是因为作为一家影响力巨大的公司，在过去几十年时间里，它都是加拿大企业的标杆，这种辉煌让整个国家引以为豪，但现在它却连年亏损，这种背景和冲突使外界对公司的发展和管理疑惑重重。

很明显，这些主题都是由于某个背景的出现而引发的，或者是因为思考者在自己所面临的某种冲突性事件中的一种寻求解决问题或者疑惑的表现。因此可以说，主题的确定实际上需要通过某个背景来引领，而这些背景是建立金字塔思维的一个前提。

——纵向结构和横向结构

在理解金字塔思维的时候，可以对它的一些基本特征进行分析。如果对金字塔思维的结构进一步进行分析，就能够发现它拥有一些基本特点：

第一，整个金字塔结构就是拥有一个中心思想或者结论，而且这个结论必须最先设计或者表达出来，这一点就是前面提到的结论先行。

第二，整个金字塔结构中，下一层思想由上一层思想统领；整个思想结构呈现层层分解扩散的模式。

第三，每个层次的一组思想同属于一个范畴，同一组思想思考的过程实际上就是归纳分组的过程。

第四，逻辑递进，即每一组中的思想按照一定的逻辑顺序排列。

这四个特点是金字塔思维的基本法则，也是构成金字塔思维的基本要素，从这些要素出发，金字塔思维的大致结构就可以明确体现出来：金字塔结构就是一种追求结论先行、以上统下、归类分组、逻辑递进、先主后次、先总后分的思考方法。

其中“结论先行”和“以上统下”主要是指纵向上的结构与关系，“归类分组”和“逻辑递进”指的是横向上的结构与关系。

在打造金字塔结构的时候，首先是确保整个结构中的纵向关系，或者说打造一个纵向结构，这是整个金字塔思维中的一个纵向轴，这根轴是支撑整个金字塔结构的关键，它让我们的思维变得更具有层次，让我们的想法变得更加深入。

2016年初，奥巴马政府提出了一个最基本的年度经济发展目标：美国年度经济增长达到2.6%。考虑到过去几年美国经济发展的低迷，这2.6%的增长幅度并不容易达到，一些权威媒体和机构预测经济增长的幅度大约为2.4%，接下来奥巴马政府必须为此做点什么了，他的团队需要制订更为合理的经济计划。

那么该如何去制订更为合理的经济刺激计划呢？奥巴马政府的思考方向主要集中在以下几个方面：救助房市计划、加大基础设施投入、大力发展本土制造业等。而团队必须想办法在每一个项目中进行拓展，设计出最合理的经济方案和方法。

在这个过程中我们注意到了两个重要的信息，第一是奥巴马政府采取的思考模式是先总后分；第二就是奥巴马政府首先提到的是一个结论，之后所有的想法都是由这个结论衍生出来的。

提出结论的做法其实是先总后分原则的一个基本表现方式，目的就是将整个思考约束在特定的框架之内，并重点突出这个结论的意义和价值，就像我们一下子就知道奥巴马政府将要做些什么，以及他在整个2016年度的工作重心、工作方向。

除此之外，“美国年度经济增长达到2.6%”这个思想属于目标，实际上是对下面一层思想“经济刺激计划方案”的统领，这就是“以上统下”的原则，它实际上是扩散和分解层次的一个重要方式。通过“以上统下”的原则，我们能够更加明确地了解整个思想的层次划分，能够更加深入地挖掘思维内部的线索，它会明确告诉我们“接下来该怎么做”或者“接下来是什么”。

把握了“结论先行”和“以上统下”的原则，就可以将结论（中心思想）层层往下分解和扩展，这样就不断深入自己的思维，不断扩展思维的层次，最终建立起一个纵向的思维结构，而这个结构就是金字塔思维的一个纵向支撑轴。

接下来是横向结构，这是确保整个金字塔结构变得更加完善、丰满的关键。如果说思维的纵向扩张是为了深入思考和探究，目的是寻找下一次的支撑性论据，那么思维的横向扩张就是为了扩展和丰富同一层面的论据，以确保我们的思维不会出现遗漏，这样就可以获得更为完整的论据。

在横向结构中，主要讲述的是逻辑上的推理以及顺序问题，这里所涉及的主要是指归纳推理和演绎推理，也就是金字塔思维中的“归类分组”和“逻辑递进”原则，这两个原则实际上就是对金字塔思维中同一层次、同一思想组中的各组思想进行逻辑关系的整合与梳理。

“归类分组”可以确保同一组思想归纳在同一个范畴之内，这样就可以确保思想的合理性和完整性，并在归纳过程中确保思考的集中性和准确性。由于它具备从许多个别的事物中概括出一般性概念、原则或结论的功效，所以实际上让我们的思考变得更加合理、科学且更具逻辑性。

“逻辑递进”主要侧重对逻辑顺序的梳理，它的主要目的是确保思想在横向扩张的过程中不会出现混乱，就像工作流程一样，在这个思想组内，研发生产、市场销售、售后服务都属于必须完善的工作，但是这些工作必须按照固定的步骤和顺序来进行，一旦打乱，那么整个思考以及后期的实践流程就会被破坏，或者说整个流程可能会出现遗漏现象。

“归类分组”和“逻辑递进”是构建横向结构的两种重要方法，一个延展了纵向结构的内容，一个规范了同一思想组内各个思想的顺序，这样就能够保证横向水平上的思维变得更加完善和规范。

从整个金字塔思维的结构来说，主题、纵向结构、横向结构堪称是打造这个思维结构的三个基本内容。其中主题的确定等于明确了整个思考的方向和焦点，接下来整个思考活动都会围绕着这个主题来进行（如果将主题也当成一种子结构来对待，那么必须将引出这个主题的相关背景和事件也纳入到整个体系中）。

纵向结构主要是建立起思维的层次，因此整个思维过程将会变得更加有深度，这种纵向延伸会让我们的思维变得更加活跃，也会对所思考的内容和主题进行更加深入细致的研究。横向结构则在纵向结构的基础上进行完善，将所有层次的思想进行扩散和逻辑安排，确保思想的完整。

当我们试图用金字塔思维来进行思考或者解决某个问题时，一定要懂得把握这三个基本结构。只有把握和建立起这三个基本结构，才能确保思维的深度和广度，才能让整个思维变得更加完整，也更具逻辑性。

构建金字塔的方法

任何一种思考都是具有一定的针对性的，也就是说我们在思考的过程中会针对某个特定的对象来扩展自己的思维。金字塔思维同样也是如此，它的产生和运作也是建立在某一个特定事物或者观点的基础上的。而最常见的情况就是我们对某一个自己确定了的事物或者自己设想好了的观点进行思维扩散，这种扩散往往是一个从上往下进行的过程，也就是所谓的自上而下构造法。

关于自上而下的方法，我们前面提到的结论先行就是一种佐证。在这个方法中，金字塔结构的构造顺序是从顶尖开始，然后将思想观点慢慢扩散，向下分解出更多的观点，或者说向下寻求更多支持性的论点。最终形成一个正立的三角形状，即金字塔形状。

具体来说，自上而下的金字塔建造方法包含以下几个常见的步骤：

——提出一个中心思想

一旦我们决定开始建造金字塔，首先要确定的不是框架，而是一个制造框架的发起点，这个发起点往往就是一个核心的思想观点，它是引起整个思考过程的基础，也是整个思考的核心。比如企业遭遇到了资金链断裂的危机，那么这个时候所讨论和思考的关键点就应该是如何筹集资金。那么“融资”就成为一个中心思想。同样，当企业在产品销售遭遇了阻碍，造成大批产品滞销时，企业思考的是如何扭转这种颓势，尽快地打开市场。所以“改进销售方法”成为中心思想。

很显然，中心思想的提出并不是随意的，它往往建立在我们对事实以及相关背景了解的基础上，建立在我们对于相关情况细致分析的基础上。只有在认真分析相关的情况之后，我们才会针对性地提出自己的思想观点。

——将中心思想进行分解

中心思想的明确意味着我们找到了一个合理稳定的方向，也就是说我们接下来该懂得如何按照自己的立场或者观点来扩展自己的思维，或者寻求更多的论点来解释自己的观点。这种思维的扩展往往带着强烈的解释和说明色彩，简单来说，就是寻求支持性的论点来说明我们所得出的中心思想。比如当我们想要得出某个观点后，为了让这个观点产生更大的说服力，就需要寻找各种理由来证明这个观点的可行性或正确性，这时候所有的理由就会成为支撑中心思想的论点。或者说，为了进一步说明自己的核心观点，我们需要提出更加具体细致的执行方案，而所有的执行方案都成为主题内容在行动上的分解。

——继续分解分论点

当我们顺利地将中心思想分解成各个支持性的分论点后，需要明确一点，那就是整个金字塔结构并非只是简单的双层模式，在多数时候，在生活和工作中所面对的情况比这些要复杂得多，我们根本不太可能仅仅依靠一层分解就能够将自己所提出的观点完全描述清楚，面对一些复杂的问题，总会产生各种各样的疑惑，为了解决所有的疑惑，就要求我们对自己的分论点进行进一步的分解。从形式上来说，更多层次的分解能够尽可能地将潜在的问题解释清楚。

所以当整个金字塔结构开始建造的时候，我们应该遵守它的层次性，这种层次性是提高逻辑分析能力以及确保整个结构更加清晰、更加完整、更具说服力的重要保障。

当我们采用自上而下的方法来构建金字塔结构时，不能盲目地进行扩散和分解，为了确保整个结构的完整性、合理性，一定要在每一层的分解之后及时检查各个思想组的逻辑性，这样就可以保证每一次的分解或者说每一层次的划分都尽量合理。

自上而下的方法是最常见的金字塔构造法，尤其是对于初学者来说，结论先行始终是一个最重要的原则，通过对结论的分解，我们往往更容易发散自己的思维，并由此完善自己的思维。不过，除了自上而下的方法之外，自下而上的方法也是打造金字塔结构的重要方法，通常情况下，对于那些思维严密或者具有结构性思维的人来说，自下而上的方法同样可以运用到金字塔思维当中。

有关自下而上的方法，类似于华府（华盛顿）官员在贫民生活中所做的基层调查一样，主要是采取层层向上的办法来概括问题。在实施自下而上的方法构建金字塔时，最重要的就是对位于低层的各个思想要素或者事实进行分析。换句话说，我们需要列出所有能够想到的要点，并从中寻找到一些关键的信息。这些关键信息主要就是指各要素之间的联系，或者说是可能存在的逻辑关系和共同点。

一旦找到了某种比较明显的逻辑关系，我们就可以对这些要点或者要素进行归纳分析，从中得出一个结论，也就是说弄清楚这些要素之间所指向的一个共同结果。比如，我们将牛、羊、鸡、鸭、鹅、老虎、鲸、蚂蚁等要素进行分析后，就会得出一个重要的信息和结论，那就是这些东西都属于动物，那么这个时候，“动物”就成为一个利用逻辑关系进行归纳后的结论。

对于自下而上的方法来说，从事实得出结论是思想逐层往上发展的一个重要步骤，这样依赖金字塔结构就可以一点点往上堆砌。需要注意的是，结构可能并不是唯一的，也就是说，不同类型的要点或者要素可能会具备不同的逻辑关系，在归纳分组之后，它们会形成各自的思想组，也会产生不同的结论。

就像我们在牛、羊、鸡、鸭、鹅、老虎、鲸、蚂蚁这些要素中加入松树、向日葵、玫瑰花、大白菜、茅草等要素一样，前面一部分属于动物的范畴，而后面一部分则属于植物的范畴，这样一来，在归纳的过程中，实际上出现了两个不同的结论。

需要注意的是，当多个结论出现之后，也就意味着我们需要对这些结论进行归纳，从而得出更高层次的结论或观点。就像动物和植物这两个观点一样，如果仔细分析它们之间的逻辑关系，就会发现两者都属于生物的范畴，因此生物成为更高层次的结论。

在一些内容复杂且要素比较杂的分析中，往往会归纳出多个结论，而这些结论也会在高层次上结成各自的思想组，我们要做的就是对这些思想组进行进一步归纳，找出其中的逻辑关系，并获得新的结论，这个过程往往可以分成多个层次。因此可以说，一旦结论比较多，整个思想结构也会变得更加复杂，层次也会变得更加丰富。

此外，如果对构建金字塔结构的过程进行分析，我们就会发现，当我们从底层的事实分析不断向上得出结论时，这实际上等于说确定了一种行动的方向，也就是说我们的思维会变得更具方向性，会按照特定的逻辑和方向进行思考。尤其是当我们得出各种结论之后，还需要对这些结论进行分析和整理，以此来寻找它们之间的联系，并得出新的结论，进而获得最终的思想观点。在这个过程中，我们的思维从宽阔的道路上不断缩小范围，不断依靠归纳方法进行概括，并最终指向一个明确的目标和主题。

如果说自上而下的方法更容易在一开始就确定思维的方向和目标，也更容易抓住别人的眼球，那么自下而上的方法则更加看重事实分析，而且在分析的过程中，它可以形成无可辩驳的观点或者结论，这些结论通常具有很强的说服力。

金字塔思维的注意事项

加尔仑电气公司的总裁汤普森先生在过去一个月的时间里都在思考要不要收购克罗伊公司60%的股份，实际上他一直都在为此感到苦恼。鉴于这一次的收购行动涉及的资金比较多，流程也比较复杂，加上这一次的收购可能造成的影响，他不得不做全面评估。

不过汤普森先生其实并没有必要将这个问题看得太过复杂，至少从思考自己是否应该收购克罗伊公司股份这一方面，他完全可以找到一种更加简单的方法。

首先他可以对自己是否收购进行假设，即“值得收购”与“不值得收购”。

——假设“值得收购”

在假设克罗伊公司值得收购的时候，汤普森需要找出各种值得收购的理由：

1.加尔仑公司有足够的资金来支撑这一次的收购案。

2.加尔仑公司的业务与克罗伊公司的业务存在紧密的联系，二者几乎天然契合在一起，如果能够收购成功，那么将会为加尔仑公司的发展带来很大的优势。

3.借助克罗伊公司的品牌来提升加尔仑公司的影响力。

4.加尔仑公司具备良好的收购经验和传统。

——假设“不值得收购”

1.公司目前拥有几个投资方案，相比之下，克罗伊公司并非是唯一的选择。

2.克罗伊公司的运营管理情况糟糕，此前已经连年亏损，如果贸然收购，加尔仑公司可能会被它拖垮。

3.加尔仑公司内部并没有多少人熟悉克罗伊公司的业务，收购后难以管理。

现在汤普森已经将两种情况都进行了假设，但实际上这种假设是建立在个人的惯性思维以及少量的信息基础上的，而这些假设是否正确呢？这时就需要汤普森对相关的信息进行调查和搜集。

比如在验证“值得收购”的问题时，汤普森可以对以上四个论点和理由分别进行验证。

有关资金问题：据当年的财务报告统计，加尔仑公司的财务状况良好，公司目前拥有10亿美元的流动资金。而收购克罗伊60%的股份只需要加尔仑电气公司花费5亿美元的资金。此外，加尔仑公司有信心进行融资，因此资金根本不成问题。

有关合作互补问题：在过去的四年时间里，加尔仑电气公司在新能源和基础设施方面存在一定的短板，这也是阻碍业务拓展的两个障碍。而克罗伊公司的优势在新能源和基础设施方面得到了最大化的体现，收购之后，加尔仑公司可以借助克罗伊公司的经验和技术提升自己公司的竞争力，甚至分享市场成果。

有关品牌影响力问题：克罗伊公司在美国西部地区具有一定的影响力，在过去三年内，它的品牌知名度实际上仍旧排名西部前40，而加尔仑公司正好可以借助收购来拓展自己在美国西部地区的影响力，甚至可以借助克罗伊公司的营销渠道。

有关收购经验：在加尔仑公司成立20年来，一共收购和兼并了五家公司，每一次收购都获得了成功，并带来丰厚的利润。通过这几次收购，公司的规模扩大了三倍。

通过搜集重要的数据和相关信息，证明了“值得收购”的假设是经得起推敲的。接下来是验证“不值得收购”的假设。

有关各种投资方案的选择问题：实际上，公司目前有三个投资方案，但是无论是规模（最大的项目才不过3000万美元），还是潜在的效益，都很小，而且同样存在一定的风险。这些项目根本不能和收购克罗伊相比，因此缺乏足够的吸引力。

有关拖垮加尔仑公司问题：根据克罗伊最近几年公布的财务报表，在2014年，公司亏损额达到了8200万美元，而2015年的亏损达到了6000万美元，2016年的财务报表显示亏损额为3600万美元左右。这种亏损额与公司内部管理不善有关，但亏损仍旧在可控范围之内，而且在全球经济和市场都不景气的情况下，克罗伊公司能够逐年减少亏损额已经是一种进步了，毕竟在这三年时间里，加尔仑公司的营业收入反而呈现出逐年减少的趋势。

有关管理问题：加尔仑公司一旦收购克罗伊公司后，可以任用克罗伊公司的原班人马，但是要改变过去的管理模式，并且优化组织和流程。而且加尔仑公司有很多出色的管理人才，他们中的很多人曾经都在类似于克罗伊这样的公司里工作过，适应新的工作环境只是时间问题。

经过对实际情况（信息与数据）的分析，证明“其他的投资方案更好”“拖垮公司”“难以管理”等问题实际上并不成立，因此“不值得购买”的假设并不成立。经过假设分析之后，汤普森可以更快地确定该不该进行收购。

关于汤普森的思考模式，我们可以将其以一个相对简单的金字塔的形式展示出来，并适当进行扩展。

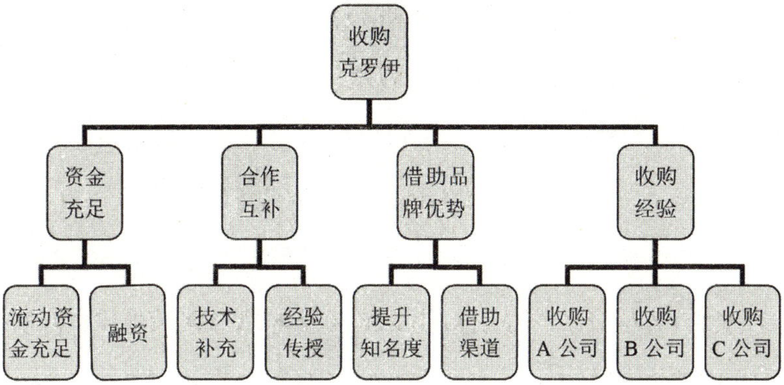

当整个金字塔结构建立起来之后，我们通常都会觉得这非常简单，事实也的确如此。运用金字塔思维可以简化我们的思维，但是在整个金字塔结构被建立起来的过程中，其实还需要经历一个特定的程序，还需要把握一些关键要素。我们不仅仅是强化自己对于那些基本结构（主题、纵向结构、横向结构）的把握，还要重点去把握一些打造金字塔结构所需的步骤和所要注意的事项。

如果对以上那个案例进行分析，就可以得出这些注意事项：

——假设为前提

在运用金字塔思维的时候，我们所有的思维并不是一开始就能够确定好基本的方向的，这需要一个最初的试探过程。也就是说我们对于某个主题的选择可能会存在两种或者多种不同的想法，尤其是面临一些需要做出选择的问题时，我们就不能贸然将主题进行扩展和延伸，不能贸然就下定结论，或者按照某种观点去思考和布局。

最简单的方法就是先对问题进行假设，这种假设实际上和思维方式、环境、经验、喜好等因素息息相关，而且也容易受到一些外在因素的干扰。即便如此，假设也是展开整个金字塔思考的一个前提，只有通过假设，并对假设进行验证，我们才能明确最终的观点和主题，才能得出一个正确的结论。可以说，假设是金字塔思维的支柱，如果没有假设的存在，金字塔思维也就失去了存在的基础。

比如，当我们试图解决某一个问题的时候，那么首先要做的就是针对这个问题做出假设，并且搜集更多的信息和数据来验证。如果验证这个假设是成立的，那么证明我们的思考方式是完全正确的，接下来只需要提出具体的解决方案即可。但是如果这个假设不成立，那么就要立即推翻假设，并且重新进行假设。

——事实为依据

假设通常是建立在个人主观想法的基础上的，也许夹带着一些基本的信息和数据，但是这些信息往往不足以支撑我们的假设。此外，在假设的时候，我们会按照某个特定的框架和结构进行思考，但是这种思维并非完全正确，因此想要验证我们的假设是不是正确的，就需要搜集足够的事实和证据来进行验证，可以说事实就是我们进行金字塔思维的一个重要依据。

有出处的信息和具体的数据，是支持我们思考和分析的重要依据，对于试图用金字塔思维来分析和解决问题的人来说，一个很重要的步骤就是要在思考的过程中，寻找更多的事实来验证自己的想法是否正确。这些事实通常包括各种真实的信息以及一些关键数据，它们的存在实际上能够给予我们更多的参考。

就如同我们在分析某个水果商能够短时间内大量出售自己的香蕉时所设想的那样，“水果商一定是进行降价处理了”，因为降价处理是促销的一个重要手段，我们秉持的理由就是“薄利多销”，这样的原因似乎是成立的。但实际上经过调查，这个水果商在最近一段时间不断提价，他不过是通过提价来制造水果短缺或者水果很不错的假象，以此吸引消费者罢了。由于得知了这样一条重要信息，因此在调查水果大卖的原因时就要推翻“降价处理”这样的假设了。

事实上，金字塔思维并不是一种主观推断，它更多的是要依靠逻辑推理，而支撑逻辑推理就需要一大堆的事实做依据。另外，金字塔思维看重的是理性的思考，而理性的思考就需要更多的事实，而不是主观臆测。

——完全遵循结构化

金字塔思维的关键在于遵从结构化的思维模式，这是整个金字塔思维的精髓部分。思维的结构化实际上就是对逻辑的一种结构性把握，目的是完善和丰富自己的思路，并且依据逻辑关系来建立基本的框架。在这里，我们可以将其简单地理解为遵循一种金字塔结构，即在纵向和横向两个方面进行思考和扩散，然后将所有的思想内容以严密的逻辑关系组织起来，构成一个金字塔的思维结构。

通常情况下，我们不能仅仅通过思维的扩散或者简单的假设就来构建基本的框架，也不能仅仅依靠一些事实和信息就做出推理。所有的假设和有效信息都必须整合在一个严密的结构之中。换句话说，整个金字塔结构应该是一个严密的思维组织，内部的任何一个思想、要素或者小结构都是受到严格规范的，内部的所有构造和组织都完完全全依据结构化的方法来打造，思想与思想之间、思想组与思想组之间、各个思想层次之间、各个思想层次与主题之间，都充斥着非常紧密的逻辑关系，而且所有的逻辑关系都按照特定的顺序进行排列。

我们需要意识到这样一个问题，金字塔思维可不是一种简单的思维扩散或者结构化的思维模式，对于任何一个运用金字塔思维来思考问题的人来说，假设、事实以及结构化缺一不可，其中假设是前提，事实是依据，而结构化则是构造金字塔思维的基本方式，缺少任何一个要素，整个金字塔思维就是不完善的，整个金字塔思维也将会失去应有的作用。

金字塔思维的优势

当我在华盛顿进行演讲的时候，一名来自英国的男子托尼突然跑上来献花，我并不清楚他是一时激动还是主办方刻意而为之的一个互动环节。托尼一上台就说了一句话："谢谢你拯救了我。"这样的话着实让人感到惊讶，更重要的是台下的听众可能会对我们的关系有所误会。

其实事情是这样的：托尼是一家公司的职员，但他对工作并不满意，老板一直都想要炒掉他，至少托尼是这样认为的。而归根结底在于他总是将工作搞得一团糟。他每天都在忙，但是事情总是越忙越乱，脑子也像糨糊一样。后来，托尼在电视上听到了我有关金字塔思维的演讲，并按照我所说的内容来实践，结果发现自己的思维变得更加清晰，做事的套路也愈来愈明确，效率也变得很高。这一次听说我在华盛顿演讲，他特意从纽约赶过来听讲。

同托尼一样，很多人都在金字塔思维中获益匪浅，但金字塔思维并不是万能的，并不能解决所有思考上的问题，并不能解决所有生活中的麻烦，它也并不像宗教那样能够拯救人，更多时候，它只是一种工具，一种能够让我们的思维变得更加高效的工具，它的神奇性仅在于此。

事实上，金字塔思维主要是为了寻找和利用各个思想要素之间在横向与纵向上的逻辑关系，它可以有效帮助我们了解这些逻辑关系的通用规则。从本质上来说，金字塔思维的基础还是逻辑思维，而我们不过是将其转化成为金字塔结构，以此来提升思维的效率。具体来说，它具备以下几个优点：

——思维清晰

金字塔思维具备立体结构，以金字塔思维为指导的思考者在思考的过程中，想法并不是盲目扩散的，也不是处于一种混乱无序的状态，一切都是按照特定的模式——金字塔模式——来运作的，这种运作确保了思维结构的清晰，因此我们总能够轻易找到思考的法门，也能够控制思考的进度。

很多人坚称自己的想法没有任何问题，很多人坚持认为自己的思考方向是正确的，但思考的内容和方向并不能代表思考的成功。比如微软公司在数年前决定开发新型的智能技术，其中就包括VR和AR技术，思考的内容就是这些智能产品，而思考的方向就是确保这些产品家居智能化以及办公化，至少从目前来看，微软公司在这一方面的进步很大，取得了不菲的成就。

但是其他一些科技公司同样跟随微软的脚步，尽量向这些新的智能技术靠拢，这些公司的设计师也在设计、思考和布局这些新产品、新技术，但问题在于多数公司最终都陷入了麻烦。原因在于他们在策划之初就缺乏清晰的思考脉络，他们提出了明确的内容（产品概念），也大致掌握了研发方向（新技术的领域），但是在整个思维设计和布局的过程中却比较混乱，缺乏一个具体可行的方案。也就是说，很多公司只是想好了要做什么，想好了往哪个方向去做，却没有想好该如何一步步去实施。

思维清晰是金字塔思维的一个重要因素，从某种意义上来说，金字塔思维就是对思考流程进行把握的结果。思考者拥有清晰的、明确的脉络，这样才能做到循序渐进，才可以梳理自己的计划和想法。此外，遵循这些脉络，思考者可以按照特定的逻辑关系来进行检查，以确保思维的正确性、合理性。

——全面性

金字塔思维是一种结构化思考，可以对所面对的事物进行有效的层层分解，从而在纵向与横向上都形成比较严密的结构体系，因此思考的内容、要点、方向都会得到扩散和细化，这样就能够确保我们对事物形成更加全面的认识。

在很多时候，个人的思维容易出现片面性，比如由于我们倾向于自己喜欢或者自己在意的因素，或者由于思考过程太过复杂，常常会有意无意地遗漏一些需要考虑的因素。而金字塔思维则具备严密的逻辑性，它所采取的“总分”模式实际上可以尽可能地将一些重要因素包含进来，而且对各个因素进行细致的分析，因此可以打造“一个论点由七个论据支撑”的模式，并形成一个非常全面的思维体系。

——效率更高

我们可以尝试着将金字塔思维运用到生活、工作的很多领域中去，比如用来写作、思考、表达或者解决问题，而我们在这些方面的能力和效率将得到有效的提升。比如写作向来都是让人头痛的事情，无论是学校里的论文还是工作时的策划方案和报表，往往都让我们感到心烦。

多数人在写作的时候，常常是想到什么写什么，虽然最后也写出了自己内心的想法，但是由于内容太过散乱，对于阅读者来说，往往很难完全了解。比如，一家公司对消费者购买行为中的风险意识进行研究和探讨，那么他们该怎样整理这份报告呢？多数人会想到什么写什么，最后洋洋洒洒写上几千字，花费心思列举各种可能存在的问题，而且还要担心自己是否有什么遗漏。

而对于掌握了金字塔思维的人来说，他们在写作前就会预先设定一个最基本的框架，比如将消费者购买行为中的风险意识进行分类：金钱风险、功能风险、生理风险、社会风险、心理风险。

金钱风险："买的东西比其他同类产品更贵"或者"买这个东西本身就是在浪费钱"。

功能风险："买了一个假冒伪劣产品"或者"买了一个平时根本用不着的产品"。

生理风险："这个产品对身体可能有负面影响"或者"身体是否能够承受产品的功能"。

社会风险："买回去之后，别人会怎么想"或者"会不会对别人的生活造成影响"。

心理风险："是否会因为购买而产生内疚"或者"这种购买行为是否不负责任"。

通过有序的架构和分解，我们就能够轻易写出自己想要表达的内容，这比混乱的、无组织的写法更加高效。很显然，金字塔思维能够预先设定好一个结构框架：列出自己写作的中心思想和中心论点，然后根据这个中心论点进行分析，列出1、2、3三个论据，接着分别对三个论据进行分析。我们只需要将自己的想法塞进框架中，就可以形成一个完整的、立体的思维体系。

——简单明了

威尔尼斯公司的副总裁马丁先生同我讲述了一件事：他现在每天都会收到多达50封邮件，邮件的内容各式各样，如果将这些内容全部打印出来，那么足足有120页那么多，当然他根本没有时间去看。

马丁先生遇到的问题具有一定的普遍性，大量的信息正在摧毁我们脆弱的神经，考虑到多数人还没有办法在邮件中说出一些逻辑性很强的话，这种问题将会变得更加严重。很显然，这些价值不菲的数字设备和计算机并没有真正带来多少便利，它们提供了更广泛的信息，但是人的思维整合能力严重拖了后腿。在运用计算机之后，我们的思维正在变得越来越混乱。

要确保所接触的信息更加简单明了，往往可以从两个方面入手。第一个是删除那些不必要的词汇、不必要的数据和毫无意义的行话，简单来说就是留住那些有价值的信息；第二个方法就是找出事物的逻辑并进行整理，确保所有的信息都按照特定的逻辑顺序排列，而不是散乱地堆在一起。金字塔思维强调事物的逻辑性，有助于对信息进行提炼和归纳，因此能够保证信息的优化和简化。

打造多个金字塔

史蒂文森准备和他的家族成员在迈阿密投资建立一个主题公园，其中的主要项目就是水上乐园。当时他找到了我，希望我能够给出一点中肯的建议。当然我明白他已经下定决心要做这件事了，他的想法无非就是让我替他找一个合理的理由说服家族内部的人，自然而然他希望能够拥有一套完善的方案来解决这件事。

不过事情并没有想象的那么简单，如果了解史蒂文森家族向来挑剔的投资眼光，就会明白这个家族向来以严苛的标准而出名，他们从不会对任何一个投资项目轻易给出肯定性的意见，哪怕这个项目的提出者就是家族内部成员，有时候，整个家族给人的感觉就是分崩离析、互不理睬。不过，正是由于这种内部的相互否定与怀疑，才铸就了他们今日的成功，确保每一项投资都能够经受住严格的审核与考验。

这也是史蒂文森感到烦恼的地方，他现在需要一份完美的策划方案吗？也许是的，但正如我所说，事情并没有那么简单。如果我是史蒂文森，那么可能要准备好三个步骤的工作。

首先要明确这个项目具体的内容，简单来说，就是这个项目具体指的是什么，里面包含了什么样的项目。水上乐园、酒店、电影院、健身房、水疗中心、商店等。策划者必须将内容一一罗列出来，这样才能够让别人更好地了解这个项目的具体情况。

其次要给出一个足够的投资理由，也就是说为什么要在迈阿密投资水上乐园。迈阿密独特的气候，迈阿密靠海的地理优势，迈阿密人娱乐休闲的品位和需求，迈阿密的经济状况和消费水平，迈阿密特有的社会风情，这些会成为非常好的理由吗？而想要将这些理由全都说清楚，我想策划者必须做好充分的调研工作，还要打造一个严密的结构，这样才能让理由变得更加充分，也更具逻辑性、合理性。

最后，要给出具体执行的步骤。这是很关键的内容，尤其是考虑到家族其他成员的挑剔眼光，能否执行下去以及具体的执行流程一定是最重要的说服点。比如如何选址、如何筹集资金、如何设计与规划、如何明确项目的总体布局、如何推进项目的流程。

除了以上三个最主要的内容之外，整个项目的可行性研究方案中，最好还要包括具体的成本消耗情况、风险评估报告、潜在的收益情况、项目的管理、后续的运营与维护等内容。这些都是确保整个项目能否得到家族成员支持的重要内容。

如果将方案中的所有内容进行分析，那么几乎每一个内容都可以延展成一个金字塔结构，也就是说投资什么、投资的原因、投资的步骤、风险分析、成本控制、收益评估、项目管理、运营与维护都必须拥有一个明确的结构，而且这些结构实际上是相互联系的，它们将会成为史蒂文森说服家族成员的重要资料和依据。

不得不说这是一个大工程，但是对于史蒂文森来说，这些很有必要，因为他很难仅仅通过对某一方面的内容进行描述就可以打动整个家族，他需要的正是面面俱到，因此打造更多的金字塔结构实际上成为整个思考过程中不可或缺的工作。

史蒂文森是一个有耐心的人，不过对于其他人来说，可能就会显得有些操之过急，他们对于某件事的想法往往停留在对一个方面的精确阐述与思考上，却不知道事情的复杂性可能远远超过了它所表现出来的那一面。

一直以来，我们都在尽量确保思考过程的简单，都在确保自己以最简单的方法做事，这是一个非常好的思路，但简单并不意味着就要忽视事物的复杂性。盲目地对各种问题进行简化，实则是一种不够严谨的思考，我们并未细致而深入地对问题进行剖析，也没有对其进行全方位的思考，这样的简化往往缺乏足够的说服力。

事实上，在现实生活中，我们遇到的问题可不仅仅是给老板几个请假的理由，讲述一下会议的内容，或者对孩子说出吃蔬菜的好处那么简单，在一些更为复杂的问题面前，我们需要从不同的面来进行思考。在过去的数十年时间里，信息正在以每年数倍的速度扩散和增加，而社会结构变得越来越严密，我们所面对的事情也变得日益复杂，各种因素、各种条件都成为考量的内容，单纯地从某一个方面来评估和思考并不能真正解决问题，反而会让问题变得失衡。这种复杂性对个人的思考提出了更为严格的要求，也提出了更高的标准，我们需要进一步扩散思维空间，我们必须想办法将庞大的信息进行整合，必须想办法将各种信息纳入到各自特定的体系之下，这时候，每一个面都可能足以打造一个金字塔结构，而我们要做的就是综合所有的金字塔来完善自己的思维。

指望利用一个金字塔来将那些复杂的事情描述清楚，往往并不容易，毕竟任何事物内部的逻辑性都不能出现太大的跨度，想要将事情完完整整地表现出来，想要将事情进行完整的思考，并不容易办到。就像史蒂文森提出的项目方案一样，将所有要思考的内容综合在某一个金字塔内着实有些牵强，他必须分开来描述所有要表达的重要思想。从这一方面来说，一个完善的金字塔结构是由多个小金字塔形成的，而一个完整的思考模式通常会包含很多完善的大金字塔结构，这些较大的金字塔结构往往是思考中的关键点，也是表达中的重要组成部分，它们确保了我们可以以最严密、最全面的思维来了解所面对的事物。

【延伸内容】5W1H分析法与金字塔思维的关系

如果我们准备做一件事情，那么往往会去综合考虑各种各样的因素。按照正常的思维，我们要明确自己要做的是什么事，要明确自己为什么去做，确定自己到底该怎么做，确定自己什么时候去做，决定在哪个地方去做。

这五个要素通常是我们进行思考的基本要素，因此在进行思考的时候，我们都会采用5W1H分析法。该方法认为，我们对选定的项目、工序或操作，都要从原因（Why）、对象（What）、地点（Where）、时间（When）、人员（Who）、方法（How）等六个方面提出问题进行思考。这是一个比较全面的分析方法，目的是将完成工作的六个基本要素全部列出来，以此来明确自己的工作或者计划。

比如传闻最近苹果公司准备成立一个新的研发机构，那么这个研发机构主要研发什么产品？为什么要研发这个产品？能不能研发别的产品？这里所呈现的都是对做事对象的追问以及需要做出的解释。

这个研发机构什么时候开始运作？什么时候开始搞研发？为什么要选择在这个时间段开工？能不能在其他时候开工？这里是对运作时间的解释和分析。

为什么要成立这样的研发机构？为什么要研发新产品？为什么要采用这种新技术？为什么不能用以前的机构来进行研发呢？这里侧重于对原因的探求。

这个新项目的负责人是谁？为什么要让他来负责新的研发机构？他能不能管理好这个机构？公司可以换人吗？公司准备招聘什么样的员工以及准备招聘多少员工？这一系列的问题都是针对人员配置的。

新项目一旦启动，该如何逐步实施？公司准备怎么去成立这个机构？怎样设计和规划内部的组织结构？该如何将有限的资源调动起来，以确保能够尽快完成项目？这是如何做的具体设想。

通过对六个因素进行分析，就可以打造出一个比较全面的思维结构。那么这个结构是否和金字塔存在某些关联呢？两者是不是具有很多相同点？

实际上，在金字塔思维中，我们有时候也可以将原因（Why）、对象（What）、地点（Where）、时间（When）、人员（Who）、方法（How）等六个要素作为思考的观点，但是思考的对象（What）应该是一个总的论点，也就是中心思想。思考者必须先明确自己要做什么，要明确自己所提出来的观点是什么。

需要注意的是，在金字塔思维中，What是一个泛化的概念，既包括“这是什么”，也可以包括“做什么工作”。如果我们准备用金字塔思维来做一件事，那么应该首先确定“这是什么”，或者先确定“做什么工作”，接着我们会从“怎么做”以及“为什么要这样做”两个方向进行扩散。What、Why、How是金字塔思维中最常见的要素。如果说金字塔思维的主要原理就是提出一个中心论点，然后寻找到支持这个论点的几个论据，并对其进行进一步分解，那么可以说What是核心思想，Why或者How是围绕这个核心思想的论据。或者说What是总的思想，而Why或者How则是分出来的结构。

在分析苹果公司准备成立一个新的研发机构的时候，可以先确定一个主题（What），然后进行分析。这里分为两种情况：

——研发机构（这是什么）

它包含什么部门：测试部门、技术管理部门、工艺部门、人事部门、后勤部门、财会部门等。

为什么成立新的研发机构：寻求新的技术、企业变革的内在要求、提升企业的研发水平、需要开拓新的业务。

该如何成立新的研发机构：策划、设计、厂房建造、部门机构的安排、筹措资金、招聘人才等。

——研发什么（做什么工作）

研发什么产品：耳机、屏幕、集成电路、摄像头等。

研发这些产品的原因：市场需求、寻求新的竞争力、寻找新的利润增长点。

研发这些产品的措施：资金准备、厂房建造、人才招聘、确定流程等。

在金字塔思维中，多数时候我们没有必要将人员、时间和地点专门独立出来，并进行分解，这三个要素通常都是我们所做之事中的重要内容，但是这些内容本身往往不具备太多的逻辑性。或者说，我们多数时候并不会刻意将时间和地点进行扩展性的思考。

从这一个角度来说，金字塔思维通常都是选择一个切入点（中心思想）。金字塔思维在思考或者分析某个问题的时候，针对性更强，它会专门针对某个要素进行分析，比如专门分析原因，专门分析实施的措施。而5W1H分析法侧重的是全面分析，它需要将事物的各个要素纳入到考量范围之内，然后分别对这些要素进行深层的分解。

此外，金字塔思维的整个体系具有严密的逻辑性，各思想要素层层分解后，内部的逻辑关系成为重点把握的问题。并利用纵向思维与横向思维的相互配合打造了一个类似于金字塔的结构。而5W1H分析法是一种辐射型的思考方式，它以所要描述的事物为核心，然后从时间、地点、人员、原因、对象、措施这几个固定方面进行分析，这种结构与金字塔思维并不相同，而且内部的逻辑性并不那么严密。

虽然两者之间存在很大的差异性，但是两者也完全可以有机结合起来。比如在运用5W1H分析法的时候，可以运用金字塔思维分别对原因、对象、措施等要素进行深层剖析，打造出更为严密合理的结构。与此同时，在写作方面，金字塔思维同样需要运用到5W1H分析法，这样可以确保写作的完整性与信息传达的准确性。

扩展篇

金字塔思维在生活中的延展

第五章：表达与沟通的金字塔法则

如何让自己的表达更加高效?

前一段时间，我听了来自北卡罗来纳州的詹姆斯议员做了三个小时的报告（我必须承认这并不是一个好差事），但当我听完所有的话之后，头脑中的第一个感觉是："这家伙究竟说了些什么？"为了弄清楚他到底提出了哪些要点，我不得不将那些话整理成文字，但内容的确让人感到混乱。

比如我从中截取了这样一段话："我们去年在农业上的营收比例竟然同比增加了7%，而制造业则下降了6%，考虑到我们特殊的经济结构，现在是时候重新思考一下制造业衰落这个严酷的事实了。我们的金融业和捕鱼业正在进入寒冬，现在竟然有人要建议将工厂搬出去，这是绝对不允许的。如果政府不能提供更多的帮助，就像过去几年所发生的一样，我们的企业最终将会全部倒闭。看看我们的加工业，它在过去两年已经下降了10个百分点，我们必须创造新的经济格局，但汽车制造以及能源设备制造并没有像预期的那样成功，在这一方面还需要吸引更多的投资者。我们的电子产品制造公司，诸如IBM公司、思科公司、戴尔公司、微软公司都不同程度地出现了业务下滑，今年科技园区已经关闭了5个，整个行业的创收比去年少了4%。我们的烟草加工、有色金属加工、食品加工、家具制造行业已经降到了历史的低谷，受制于国际市场的变动，我们的有色金属加工业务已经降低了一半，多半食品加工厂出现财政危机，家具产业逐步被淘汰。我们的汽车制造业——这是过去两年来最让我感到头痛的问题，我们已经不复以往的荣耀了，看看我们还能为汽车提供什么样的零件？看看我们的技术工人，他们都在流失。也许我们有机会抓住能源设备这个产业，但那只是良好愿望，事情变得不可预测，我怀疑政府在这一方面所做的努力，他们几乎都没怎么在意太阳能产品、风力发电机、生物能源电池，一些传统能源设备制造业也在萎缩。现在，我会拿起自己的手机和电脑看看，有多少还是美国人自己建造的？”

听完后，我们大致可以知道詹姆斯这段话的主题实际上讲的是制造业衰落的现实，但是由于整体的逻辑比较混乱，这使得所有的话听上去像是一大堆没有逻辑性的抱怨，所以听众能够感受到他的愤怒，却不知道他具体讲述了什么东西。实际上对这段话进行整理后，就会发现詹姆斯所表达的一些基本内容：

电子产品制造业不景气：科技公司业务下滑，科技园减少，产业营收下降。

汽车制造业：零部件制造也不景气，人才流失。

能源设备制造业：传统能源设备慢慢被淘汰，新能源设备制造未达预期。

加工业萎缩：金属加工业不景气，食品加工业难以维持，家具制造和加工业正被淘汰。

其实对整段话进行分析和重新组织后，主体结构会变得更加清晰，更容易让人理解，但是太多的废话以及不够明确的逻辑，破坏了听众的理解能力。从这个方面来说，美国政府最近几年的各项政策和法案的确是糟糕至极，无论是对于地方政府，还是白宫，这都是一个值得重视的问题，更是一个挑战。

在政府部门主导的某些信息传播上，永远都是一个麻烦，一方面政府总是尽量使用更为严谨的措辞（注意这里指的是严谨，严谨意味着他们不可能错过任何可能性与细节），但是忽视了一个最基本的问题：逻辑。各项信息常常杂糅在一起，缺乏明确的逻辑和思路，最后他们会轻易将所有的信息堆积成动辄几个小时的演讲，或者几百页的文章。事实上，民众对于这些动辄几百页的文件几乎毫无兴趣，他们需要那种更为明确的语言结构，需要更容易理解的表达方式。

这也就解释了为什么政府在实施诸多惠民工程项目时总是缺乏群众基础，因为大家根本就不关心那些烦琐的、混乱的讲话到底包含了什么意思，自然也不会有兴趣知道这些项目是否对自己有什么好处。他们总是对政府的政策漠不关心，这并非是毫无缘由的，当然，如果政府部门能够“好好说话”，能够尽可能完整而清晰地表达出那些意思，那么就可能得到更为公正的待遇（至少在民众看来这应该是一个公平的交流）。

从不否认政府正在积极改进自己的表达方式，他们正想方设法简化自己的演说内容。《今日美国》为政府支招，他们曾经提出了一个重要的观点“一口之量”，意思就是指任何信息的公布和传播都要做到简易，都要被浓缩成容易理解的精华。显而易见，广告公司实际上更加擅长这一策略，而对于政府来说，他们在颁布各项法案或者发表一些重要的讲话时，根本没有办法做到太过简化，就像詹姆斯提到的制造业衰退问题，这根本不是一两句话能够说清楚的，但是保持话语的逻辑性和更为明确的结构实际上可以简化我们的表达方式，通过打造一个简单的话语结构，表达者可以将内容简化成听众可以理解的内容。

有关如何提升表达能力的问题，不得不提及密西拉比公司。作为美国西海岸最严格的公司之一，密西拉比公司每年几乎只招收10个人左右，因此他们对于员工的工作能力要求非常高。密西拉比公司是一家规模不大但是竞争力却很强的公司，他们的业务几乎遍布整个美国西海岸，这得益于他们出色的效率，可以说效率是他们的撒手锏。

对于那些提倡按时完成工作任务的公司来说，莱克·史密斯先生（密西拉比公司总裁）的要求更为严格，公司几乎有一条不成文的规定，那就是将原来规定的工作时间压缩30%，即需要100分钟完成的工作最好在70分钟内完成。

这种要求使得他们在工作中总是保持更高的办事效率，即便是做工作汇报，他们也很少长篇大论，莱克·史密斯先生要求每一个向他汇报工作的人必须对所要说的话、所要提交的文件事前进行简化，并确定一个最基本的结构和大纲，让他能够快速明白这些报告的内容。有时候员工必须在上下电梯或者去会议室的路上就将要描述的内容讲清楚，而这就意味着员工必须懂得在1～2分钟内做出清晰的汇报。

那么如何才能在1～2分钟内对汇报的内容进行整理呢？首先是快速明确主题，即你要说的核心思想；其次说出支持这个思想的理由或者措施。比如密西拉比公司准备与英国一家公司合作，在墨西哥成立一个合资公司，但是在莱克·史密斯准备赶往会议室与英方代表签订合作协议时，项目经理爱德华先生在利用上楼梯这段时间说服他放弃了这次合作：

“我们不适合在墨西哥成立合资公司。第一，墨西哥员工是否具备同样的素质？他们的办事效率、能力、状态难以与公司现有人员保持一致；第二，公司在出资比例只有40%的情况下，会丧失主导权，我们将无法制定策略，将无法按照现有的模式进行管理；第三，公司在墨西哥的发展并没有太大的必要，因为我们在那里没有太多的竞争优势，也没有太大的市场需求。”

这段谈话非常简短，但是包含了一个完整的结构，爱德华提出了不适合成立合资公司的观点，并且提出了三点理由，而对于每一个理由，他又分别进行了解释。如果对这个结构进行分析，就可以看出来，这是一个非常合理的金字塔结构。很显然，运用金字塔思维可以让我们在更短时间内表达出自己想要说的话，或者写出自己想要表达的内容，重要的是，我们在简化表达方式的同时，能够确保听众在第一时间就领悟这些话中的意思。

需要注意的是，在谈话或者写作的时候，听众或者阅读者，他们的思维通常是呈现线性规律的。简单来说，当他们听到某一段话的时候，通常都是按照每一句话的前后关系来做出判断，所以他们往往期待那些前后逻辑比较明确的句子，这样就可以更加快速地听懂这些话到底在说些什么。但事实上，多数时候，我们都处于一种主观描述的状态，对于一件事情的描述也会出现跳跃性，会颠倒事物之间的联系，会打乱每句话之间的联系，这对听众来说是一个艰巨的任务，而一旦这种前后关系变得非常混乱和复杂，就会影响到听众的分析和判断。为了理解话中所表达的意思，他们不得不花一点时间将所有的话重新进行梳理，搜集各种信息和要素，并重新进行整合，这会影响到信息的传播效率。

最好的方法就是自己在说话之前，先将所要说的内容进行思考和组织，先提出一个核心思想或者论点，然后你需要更多的论据来支撑这个论点，当别人对你的论据提出质疑的时候，还需要给出更多合理的论证和解释。只有按照这种金字塔的模式和结构，我们才能够真正将话说得更加简单，才能将所有的逻辑理顺，也才能够产生真正的说服力。或者说，只有懂得如何打造一个金字塔结构，我们才能更完整、更合理地表达出自己想要表达的意思。

纵向关系：把握好“疑问—回答”的模式

有一次，一个同事邀请我去电影院观看《达·芬奇密码》。我向来不太喜欢看电影，毕竟如今这种拍出来的东西与现实生活显得有些格格不入；另外一个重要的原因是，我并不觉得有什么电影可以真正吸引我，高颜值的演员或者超炫的电脑特技在我看来只是在折损电影本身的艺术魅力而已。

当然，我得承认看完这部电影之后，一切都有了改观，电影情节的设计非常到位，到处都设置了悬念，这些悬念让我的脑海中产生了一个又一个问题，而且每次等到我在电影中找到了答案之后，又会出现新的悬念。无论如何，一场电影下来，我几乎都在寻找答案，而直到电影的最后，我才明白整部电影究竟说了些什么。

不得不佩服导演惊人的才华。此前，我从未意识到一部电影究竟是如何吸引人的，但我发现事情并不是自己想象的那样，这当然归功于电影的表达方式，它总是不失时机地给我抛下一些问题，然后在给出答案的同时，将这些答案再次变成悬念和问题。

这次的经历使我想起一个问题：我们是如何进行表达的？我们是否总是能够轻松愉快地说出自己想要说的话，并且能够吸引他人的关注呢？很显然，电影的展示手法和表达方式给了我们一种很好的经验。

也就是说，我们完全可以依靠提问和回答的方式来逐步推动思考的进程和表达的过程。这是一种行之有效的引导方法，就如同我们在上学期间老师所做的那样。一个好的老师所扮演的应该是一个循循善诱的角色，尽管我们总是害怕老师进行提问，并且毫无理由地指责他们“为什么那么喜欢问问题”，但事实上这种方法在潜移默化中促使我们思维的扩散与智力的开发，而且相比于那种站在讲台上照本宣科几个小时的方式，这的确是一种很好的教学方法。

因此老师在延展自己的知识体系的时候，可不是单纯地按照课本上的知识框架念上一遍，在这个传授知识的过程中，培养学生的思维能力才是最重要的。他们会对一个中心思想进行分解，而提问是最好的方式，它可以更好地引起学生的兴趣，并触动思维的弦。其实这里涉及一个最基本的问题，那就是个人的思维并不总是出现在同一个维度上，或者说它并不总是处于一维状态，而是向上或者向下进行延展。而提问的方式则很好地将这种纵向思维体现出来，并拓展了这种思维结构。

我曾在波尔特公司（一家安防产品制造公司）待了几年，策划部的副经理安德尔先生是一个大腹便便的小胖子，圆滚滚的肚子和圆圆的脑袋充满了喜感，但他同时也是一个睿智的男人。在公司的内部会议上，其他领导非常善于讲述一大堆枯燥的计划方案，在一场头脑风暴的会议中，这的确是无礼的，但是总裁并不这样，而是一上来就直接提到一个中心论点："我们要开拓亚洲市场。"

当然，接下来有高层领导会进行提问："我们为什么要这么做呢？"

所有的与会者现在都必须保持专注，对这个问题进行思考。当然，安德尔很快就给我们提出了两个主要原因：亚洲市场潜力很大，良好的投资环境。

自然而然，有人很快又抛出了两个问题："为什么亚洲市场的潜力很大？为什么说投资环境很好？"

新的问题又带动了新一轮有针对性的思考：

为什么潜力很大——亚洲人正在变得越来越有钱；亚洲人对于家庭财产的保护意识很强；亚洲的安防业务刚刚起步。

为什么投资环境好——亚洲的国家政策好；市场竞争压力小；亚洲的劳动力成本更低。

之后，我们又对亚洲的国家政策进行了分析，内容包括对外资企业的税收优惠政策；对外资的保护政策；与外资进行合作的政策。

而市场竞争压力小的原因则在于技术领先，产品质量更好；同类企业少，竞争对手不多。

…………

事实上，安德尔的表达之所以做到了条理清晰、层次分明，就是因为这些表达始终围绕着提问与回答的方式来进行。而经过层层设问，层层解答，我们对于议题的思考与交流就形成了一个大的以纵向关系为主的结构体系。

我能够明白安德尔这样做的原因，就是为了确保我们的思维可以一直围绕着那个核心观点进行扩散。很显然，通过不断提问和回答，我们对于在亚洲进行投资的想法有了一个更为准确的理解，而接下来我们自然会相信公司会被这些表达说服，并快速拟订一份比较合理的投资计划。

如今这种方法在很多公司都得到了推广，甚至于不少公司要求员工在演说之前先进行设问，因为公司需要一种纵向的思维结构来厘清所有的结构性要素。因此，在利用金字塔思维进行分析和表达的时候，表达者应该想办法让更多人提出问题，比如“为什么”“怎么做”。而作为思考的主体或者提出某个核心观点的人，他们所要做的就是确保自己能够在下一个层次上横向地回答所提出的问题，而这些回答通常具备很多不确定的信息，因此回答又会产生新的疑问，新的疑问又引出新的思考和新的回答……如此层层向下分解和扩散，直到整个过程不再产生新的疑问为止。

这种不断“提出问题并回答问题”的模式会极大地激发人的思考能力，并针对所提出的核心观点进行深入挖掘，从而建立起更为完整的、全面的体系。而在表达方面，它更是具有很强的引导力。事实上，利用金字塔思维来思考、表达往往能够产生一种神奇的力量，它在一步步引诱听众或读者对自己的话产生兴趣，而且当听众或读者产生需要的时候，才会适当提供相应的信息。

从这一个层面来说，金字塔思维在表达方面的作用就在于，它在帮助我们厘清整个思维结构的同时，通过纵向的“提问和回答”方式确保了交流的逐步深入，论点的逐步推进，并产生足够的说服力。

横向关系：演绎与归纳二选一

对于金字塔思维来说，它看重的是纵向与横向上的双重思考，整个思考应该是结构化、立体化的，因此在利用纵向进行表达的同时，还应该把握横向关系。比如我们在思考如何在下一个层次上进行表述时，必须保证个人的表述能够回答在上一个层次上提出的疑问，同时还要确保表述符合逻辑。这个逻辑通常包括两个方面：第一是演绎，第二是归纳。

2015年，纽约洛克家族名下一家贸易公司爆出了丑闻。当时公司的一位普通职员皮特先生在媒体面前宣称洛克家族的公司存在严重欠薪现象，而且他还爆出了一个猛料：洛克家族的贸易公司很快将会破产。实际上早在2013年的时候，我曾短暂地在这家贸易公司担任运营和管理的顾问。刚到公司的时候，我就发现公司的管理存在问题，而业务情况也不尽如人意。但那个时候公司的资本充足，而且洛克家族依靠自己的名声和地位不断进行融资，即便是我离开公司之前，这家公司的现金储备也非常充足，所以我并不太相信这家公司会突然出现这样的变化。

所以当这位职员在媒体面前爆料公司即将破产的消息，我和很多人一样表示不理解，于是纷纷追问原因。此时这个职员是这样在镜头前描述状况的："几天之前，我和市场部的经理闲聊，无意中听到了一个惊人的消息——市场部的员工已经三个月没领到工资了。紧接着我又去研发部查探，他们告诉我，研发部的员工已经三个月没领到工资了。当我去人事部咨询时，情况同样如此，人事部门已经三个月没有领到工资了。"

这些话很快引起了轩然大波，一方面的原因在于内容，另一方面就在于表达的方式。如果对这些话进行仔细分析，就会发现它们之间存在着很强的逻辑性，而这种逻辑性带来了很强的暗示性。我们可以想象一下，这位职员在表述公司的困境时，首先把握好纵向关系，通过抛出一个猛料来故意引出别人的疑问，紧接着他又横向地分别提出了三个重要观点进行回答："市场部的员工已经三个月没领到工资了""研发部的员工已经三个月没领到工资了""人事部门已经三个月没有领到工资了"。通过对这三条信息进行归纳和总结，听众或读者轻易就能够得出一个最基本的共同点：三个月没发出工资。因此大家都会猜测到这家公司已经没有资金来维持最基本的运营了，用不了多久，它要么接受被兼并的命运，要么直接宣布破产。

为什么职员不直接说公司没钱了，或者说公司的生产停滞，而要重点提到三个部门发不出工资的事实呢？原因就在于这种表达方式就是典型的归纳方法，表达者将同一类思想或者事物组织在一起，用一个名词来表示组中的思想。归纳是确保纵向思维保持合理性的一个重要方式，说话的人可以从一般的事物中发现它们具有某种属性，从而判断出所有该类事物都具备这一属性。比如“市场部的员工已经三个月没领到工资了”“研发部的员工已经三个月没领到工资了”“人事部门已经三个月没有领到工资了”，这就是一般事物的现象和属性，而通过对这些属性的解读，就得出了“所有部门员工都没有发工资”或者“公司没钱”的论断。

归纳法符合人们的思维模式，因为多数人认识事物的过程就是从个别现象推导出普遍规律的，一些定律、公式、规律都是归纳思维下的产物，因此它往往具有很强的说服力。而且我们的大脑经常会按照时间顺序、结构顺序、重要性顺序进行思考，这是归纳的重要特点。

当我们在表达观点的时候，也可以按照这种归纳法来确保自己的话更具说服力。

在横向关系的把握上，除了运用归纳推理进行表达之外，还有一种方法就是前面提到过的演绎推理，它是另外一种重要的思考方法和表达方式。比如在前面的案例中，这位职员为了验证公司发不出工资的事实，把自己当作最佳的证人。为了证明自己没有说谎，他在大家的质疑面前还特别补充了一句：“这三个月来，公司真的没有发一分钱给员工，我是这家公司的员工，过去三个月我没有拿到一分钱的工资。”

在这个演绎的过程中，对方非常巧妙地把握住了各个演绎性思想之间的逻辑关系：公司的员工三个月没领到工资了——我是公司的员工——我也三个月没有领到工资了。这种推理的方式就是演绎推理的表达方式，里面的思想组合是按照承前启后的方式组成的，第一个思想是对已经存在的某种情况做出表述，第二个思想是对第一个思想的主语或者谓语做出表述，第三个思想是对第一、第二两种思想同时存在时所具有的隐含意义。这种特殊的表达方式往往基于最后一个思想表述，并概括出演绎性思想组中的论述，从而将其提升到一个更高的抽象层次。别人会感知到这些概括性的语言：作为公司的员工，我三个月没有拿到钱了。

演绎和归纳都是一种重要的思考方式，更是一种重要的表达方式，它们都可以很好地回答某个思想引出的疑问，并让回答疑问的这些观点更加突出。当然，两者不可能同时存在，也就是说具有逻辑关系的不同事物之间不可能同时存在演绎和归纳两种推理方法。

将一个道理讲述清楚，将同一组思想的逻辑关系理清楚，这真的很难吗？事实上，在多数时候，我们都不太注重表达的逻辑顺序，因此经常会将想要表达的意思弄混乱了，导致自己无法准确描述不同事物之间内在的联系，也无法让别人准确了解自己说了什么。所以关键还是要懂得运用不同的方法进行梳理，要么采取归纳推理的方式，要么采取演绎推理的方法，这样才能够真正有效地将整个话语的横向结构表达完整。

利用序言来制造第一个疑问

掌握纵向关系与横向关系之后，我们在表达方面的逻辑将会变得更加清晰，但这并不意味着我们已经可以有效运用金字塔思维来解决表达上的问题。事实上在打造一个更为完整的金字塔思维时，有一个问题不可忽视，那就是序言，我们在表达的过程中制造出第一个疑问时，必须通过序言表现出来。

金字塔结构能够通过疑问与回答的方式来源源不断地制造话题结构，但是这些话题是否与听众或读者有关呢？我们一开始该怎样来引起听众或读者的兴趣？需要注意的是，心理学家莫里斯博士提出了这样一个观点："我们说话的目的并不是告诉别人一些不知道的信息，而是告诉别人他们感兴趣的信息，这个信息必须是一开始就透露给对方的。"简单来说，如果听众或读者对我们的话丝毫不感兴趣，或者无意去了解话中的答案，就不会提出疑问，因此我们所要做的就是激发或满足对方寻求答案的欲望。

所以我们没有必要傻乎乎地在别人面前说上一大堆的废话，哪怕这些废话听起来很不错，我们所要表达的东西必须迎合对方头脑中已有的疑问，或者是对方在思考时可能提出的问题。这里直接涉及了一个概念：问题的起源和发展。

这当然不是类似于达尔文"人类起源"的那一类逻辑和说辞，事实上，表达者要做的就是在序言中以叙述的方式来讲述那些中心思想，并在表达的过程中设置最初的疑问。当然最好的方式是运用讲故事的方法来描述这一切，讲故事的方式更加新奇，更容易引人关注。序言可以以讲故事的方式告诉听众或读者，表达者已经了解或者将要了解自己正在讨论主题的一些信息，从而激发对方的疑问。

当我们决定以讲故事的形式来包装序言时，就可以按照讲故事的方式来打造一个最基本的序言结构，那就是在序言中把握以下四个基本要素：背景、冲突、疑问、答案。

其中，背景主要是指时间和地点，它与文章主题息息相关。背景的提出通常是因为这个话题不具备任何争议性，这个时候，我们可以设定一个具体的时间和空间来讲述故事。

冲突是指背景中所发生的事情，或者说是推动故事情节往前发展的要素，通常是一些转折性的因素，比如存在的某种问题、某种障碍等，进而产生如何解决冲突的疑问。最终，所有的疑问都需要依靠纵向、横向上的思维方式进行解答。

美国一家著名的轮船制造公司的总裁在股东大会上这样展开序言："在最近3年，公司在法国的市场份额占到了17%，一共增长了5个百分点，但是与此同时，在过去3年时间里，我们的利润额却下降了3%，那么该如何确保销售额和利润额达成正比呢？我想现在我们必须找到一种更为有效的管理模式，来降低不必要的内耗和成本。"

在这个序言中，"最近3年，公司在法国的市场份额占到了17%，一共增长了5个百分点"这句话交代了背景；"在过去3年时间里，我们的利润额却下降了3%"这句话则表明了内在的冲突，而这个冲突必定会引发有关"如何确保销售额和利润额达成正比"的疑问；接下来就是针对确保销售额与利润额成正比的答案——“找到新的管理模式来降低内耗和成本”。

通过这个序言，总裁实际上借助疑问确定了一个中心论点，那就是打造一个降低内耗的管理模式。而接下来他可以利用金字塔思维，在这个中心论点的基础上进行纵向与横向的逻辑表达。

序言的最终目的并不是说一堆介绍性的废话，并不是单纯地告诉别人到底发生了什么，而是为了引出自己要表达的中心思想和观点。为了能够突出这样一点，序言总是会表现出各种不同的形态，或者说它拥有多种不同的结构。

◎我想现在我们必须找到一种更为有效的管理模式，来降低不必要的内耗和成本。在最近3年，公司在法国的市场份额占到了17%，一共增长了5个百分点，但是与此同时，在过去3年时间里，我们的利润额却下降了3%，那么该如何确保销售额和利润额达成正比呢？这是我们急需解决的问题。

在这里，序言采取的是开门见山的方式，先提出了具体的解决方案，然后再详述事情发生的背景以及存在的冲突。

◎有一个不可忽视的问题是，在过去3年时间里，我们的利润额已经下降了3%，而事实上，在这段时间内，公司在法国的市场份额占到了17%，一共增长了5个百分点，那么该如何确保销售额和利润额达成正比呢？我想现在我们必须找到一种更为有效的管理模式，来降低不必要的内耗和成本。

在这里，序言重点突出了对冲突的忧虑，所以冲突被直接拿出来讨论，然后是详述背景、疑问以及解决问题的答案。

◎我们该如何确保销售额和利润额达成正比呢？事实上，在最近3年，公司在法国的市场份额占到了17%，一共增长了5个百分点，但是与此同时，在过去3年时间里，我们的利润额却下降了3%，我想现在我们必须找到一种更为有效的管理模式，来降低不必要的内耗和成本。

这种结构的表述方式，实际上凸显了表达者的信心，所以他并不介意一开始就提出这种疑问，并通过对背景、冲突的描述，来引出早已准备好的解决方案。

这几种结构虽然不相同，但是都能够发挥出序言的基本功能，那就是确保能够及时引出位于金字塔顶端的中心思想。事实上由于很多疑问是听众发现和提出的，因此在序言中不一定要设置疑问，因为受众本身就可以通过冲突来引出各种疑问。

充实的思想是语言概括的核心

金字塔思维的一个重要原则就是上一层的思想是对下一层思想的提炼和概括，可以说概括思想是打造金字塔思考结构的一个重要步骤。很多人只是简单、机械地将一些思想组合在一起，但并没有完成思考，有时候这些思想其实根本不属于同一个类型，它们并没有明确的逻辑关系列入同一个思想组中。有时候即便这些思想真的同属于某一个组，可是表达者却找不到一个很好的概括性的思想。

2013年5月，米奎恩集团准备与意大利一家公司进行合作，就让集团内部的克劳恩先生前往谈判，因为克劳恩先生本身也是意大利裔的移民，他对意大利非常了解，而且具有一定的人脉。集团高层对这一次的合作胸有成竹，而克劳恩在和客户谈判的时候，也重点提到了双方合作的理由：

“我想这一次的合作应该是势在必行的，双方都不该放弃这样的机会，以下是我的理由：贵公司与米奎恩合作，可以彼此帮助对方的公司开拓市场；可以增加双方公司的营业收入；可以确保双方在欧洲市场乃至国际市场的竞争力与既得利益。”

这些理由有什么问题吗？完全没有，但是克劳恩却差点把事情给搞砸了，原因就在于他的话语缺乏思想，缺乏足够的吸引力。尽管克劳恩并没有意识到这一点，但是只要对他说的话进行检查，就会发现问题就出在：“我的理由有三点。”

实际上在日常生活的口头表达中，我们也常常会这样说“我的理由有三个”“我的建议有五条”或者“这里存在四个问题”。这些句子通常都缺乏思想，或者可以称之为缺乏思想的句子。很显然，这些原本带着概括下一层思想的句子实际上并没有产生概括的作用，它们只是说明了将要讨论或者描述哪一类思想，而绝非一种提炼和概括。而由于缺乏概括性，句子之间的上下层关系会变得模糊，而且对听众来说，会显得缺乏吸引力，它们无法吸引听众继续倾听。重要的是，这种描述某一类思想的句子常常会让受众不了解话中所要表达的意思。

至少当克劳恩说出“以下是我的理由”时，客户可能只会对“贵公司与米奎恩合作，可以彼此帮助对方的公司开拓市场”这一句话感兴趣，并认为这句话就是一个核心思想和核心论点，至于后面的话，客户可能就无心倾听了，这样就造成了信息的误会和缺失。

所以克劳恩如果知道自己需要对后面的理由进行概括的话，那么就该换一种说法："我想这一次的合作应该是势在必行的，双方都不该放弃这样的机会，因为我们拥有共同的利益基础。"接下来，他再顺势说出三个理由，这样的表达无疑更容易引起客户的兴趣，也能够产生更强的说服力。此外，这样的描述实际上让整个谈话变得层次分明，内涵也变得更加清晰，克劳恩可以轻易表达出自己想要说的话。

提出概括性的思想或者对自己的观点进行提炼和总结，往往很有必要，它会成为一段话中的核心内容，从而确保我们的谈话更加及时，也更具针对性。对于听众或者读者而言，当他们听到"因为我们拥有共同的利益基础"时，思维肯定会转变得更快，思维上的准备也会更加充分，他们也更容易理解这句话背后的深意。"以下是我的理由"，这话听起来太缺乏重点，几乎传达不出任何有价值的内容。

试想一下，在向领导做汇报的时候，多次出现"我的理由有几点"之类的话，整个谈话的内容就会变得索然无味，我们不能指望领导会心平气和地坐在那儿分析一大堆空洞的话。

另外，缺乏思想的句子还会带来一个问题，那就是思考不完整。这种描述性很强的句子由于缺乏最基本的提炼和概括，因此对于表达者来说，实际上可能并没有对所要表达的内容进行逻辑思考，或者没有进行完整的思考。这样也就意味着，后面引出的思想可能不够完善。

罗拉罗莱是西海岸运输公司的副总裁，作为一个有想法、有战略眼光的人，他一直都试图推进公司内部的改革，而此举也赢得了总裁和各位股东的一致赞同。罗拉罗莱后来提交了一份比较详细的改革方案，其中在提到制度的改革时，他这样说道：在管理制度方面，我们的改革主要包括四个方面：

1.完善薪酬管理制度

2.强调末位淘汰制

3.实行导师制度

4.实行岗位轮换制

这种表达方式的问题首先在于缺乏概括性，受众可能并没有兴趣知道表达者究竟想要说什么话。其次，由于缺乏思想，领导可能会认为这些话存在思考不完整的问题，也就是说改革的方向和内容还有很多，而表达者并未认真进行思考。比如强化纪律、对事负责制度等。

如果我们试图打造一个完整的金字塔结构，试图运用金字塔思维来进行表达，那么就一定要注意去概括思想。而这种概括并不是千篇一律的，它通常包含两个方面：第一个是行动性语句，主要是指要做什么事，一般包括采取的行动、行为、动作、步骤或者流程，它是按照时间顺序来概括的，常用的名词是“结果”“目标”“改革”等。

第二种是描述性语句，主要是指某些事物的情况，通常用来介绍背景、信息，并说明这些思想具有的共同点的含义。这种表达通常指的是事物的类别，表达者需要弄清楚它们是否针对同一类主题，是否涉及同一类活动，是否针对同一类对象，是否包含同一类见解。一般情况下，可以用“原因”“结论”之类的名词来表示。

有关行动性思想的概括在日常表达中非常常见，包括工厂里的流程介绍、机器的操作手册、企业的行动计划、政府部门解决问题的方案等，但是在概括方面往往容易出现问题。事实上，由于采取行动的目的是达到某种目的，因此在概括行动性思想的时候，主要是概括这些行动所产生的结果。不同层次下会有不同的思想组，这些不同思想组所产生的结果会形成一个类似于金字塔的结构。而为了确保同一组思想之间的逻辑性，表达者需要找出思想中明显的因果关系，并将其归为一组，然后从中概括出行动的结果和目标。

而这种结果通常需要得到明确，就像“公司进行改革，主要是为了提升25%的效率”一样，“25%”就是一个准确的数据和目标。事实上，提高5%和提高25%的措施是截然不同的，因此不要去说“公司进行改革，主要是为了提升工作的效率”这样一个相对笼统的概念。保持一个明确的结果其实正是为了更好地完善各项行动。

除了明确结果之外，行动的层次同样需要得到区分。简单来说，就是对总目标进行划分，将其分解成各个阶段性的分目标或者工作要点，或者将公司的大目标分解成各个部门的目标，并且随着工作的推进不断往下分解。而整个目标体系的基层则是完成目标所实施的步骤和具体的任务。而无论是哪一个层次，都需要直接概括结果，也就是说要对完成某一个步骤后导致的结果直接进行概括，然后迫使读者或者听众产生“怎样做到这个结果”的疑问。

描述性思想的概括主要是找出各个思想在结构上的共性，通过寻找思想之间的密切关系来完成归纳。如果主语相同，就找到谓语之间的共性；如果谓语相同，就找到主语之间的共性；如果主语和谓语都不相同，就找出隐含意义之间的共性。

比如，某商场推出了新的葡萄品种X号，并宣称“X号葡萄是甜的，X号葡萄营养丰富，X号葡萄粒大汁多”，这三句话的主语都是相同的，而谓语之间的共性就在于它们都是“食物的特性”，因此可以据此推出一个结果：X号葡萄非常适合大众食用。

“市场部下午没有得到开会的通知，研发部下午没有得到开会的通知，财务部下午没有得到开会的通知，人事部下午没有得到开会的通知。”在这里，谓语相同，而主语之间的共性就是它们都是公司的主要部门，因此可以归纳出一个结果：下午公司根本就没有下达全体部门开会的通知。

“公司生产研发部已经停工了，财务部正在解决银行的贷款问题，市场部正在想办法同客户解决回款问题，人事部准备商讨裁员的问题。”这些思想中的主语和谓语都不相同，但是它们都隐晦地传达了这样一个信号——公司遭遇了资金链断裂的危机。因此从这些思想中可以归纳出一个结果：公司已经无法维持日常运营。

事实上，在进行描述性思想概括的时候，一方面要确保最基本的归纳能力，表达者应该使用一些非常精确的句子来进行概括或者归纳，以确保听众能够理解其中的内容；另一方面，关于一些基本的常识，听众能够主动进行归纳，因此表达者用不着进行太过详细和精确的概括。

总而言之，行动性思想概括和描述性思想概括的核心都是为了寻找一个共同的结果，而这个结果必须足够明确而充实。

金字塔思维在表达中的基本要求

从2010年开始，我就开始关注乌达公司，这是一家规模并不大的公司，员工不超过1000人，年营业额却超过了50亿美元。事实上，股神巴菲特也投资了这家公司，这位超级富豪将目光锁定在乌达公司，并且希望能够收购它，因为它是整个蒙大拿州最出色的团队之一。

作为一家发展潜力十足的公司，乌达公司之所以受到巴菲特的关注，并不仅仅是因为潜在的利益，更重要的是公司所具备的一个优势——沟通。令我感到激动的是，乌达公司在过去几年一直都在学习和研究“金字塔思维”，在沟通方面，它已经积累了丰富的经验。

对于乌达公司而言，它已经将这种内部沟通机制提到一个非常高的水平上，或者我们可以说这是它的企业文化的一部分。现在这种文化已经渗透到每一个员工的心里，至少每个人都知道那些沟通方法究竟是怎么一回事。乌达公司曾经邀请我去演讲，当然最后我发现他们在金字塔思维拓展方面做得非常不错，公司的文化培训负责人尤德里先生给我看了他们的《沟通准则》，并且提出了沟通的一些基本要求，而在我看来，这也是金字塔思维的基本要求。

——观点明确

考虑到金字塔思维首先就需要确定一个中心思想，表达者要做的就是保持观点的鲜明，换句话说，表达者必须要明确自己讲话的核心或者写作的核心。这个核心是金字塔结构得以展开的基础，所有的结构都是围绕这个核心观点来展开的。

如果缺乏一个稳定的、明确的核心思想，那么所有的结构都会变得松散、无序，因为一旦我们试图说服别人，或者引起别人的注意，那么就必须拥有自己的想法和态度，就必须将自己的观点明确地摆在台面上来说。就如同在讨论某个议题一样，任何一个表达者想要说服别人，首先就应该明确自己的观点。是支持，还是反对？是选择一号方案，还是选择二号方案？是坚持自己的观点，还是听从别人的意见？一旦有人摇摆不定，或者立场不明确，观点不明朗，那么自然就没有办法形成强大的逻辑性和顺序，也就无法形成一个有效的思维结构，更不会有什么所谓的说服力。

对于任何一个人来说，任何一种言语或者文字金字塔结构的建造都是建立在一个固定核心思想的基础上的，这个核心思想或者观点就是整个金字塔得以展开，并产生强大优势的基础。

——重点突出

对于整套金字塔思维而言，与论题或者核心思想相关的所有要素都值得考虑和分析，但并非所有的要素都是重要的，对于一个讲究逻辑性和逻辑顺序的结构来说，整个思想层次的排列以及各组思想的排列都必须遵循一个原则——重点突出。对于那些能够表现中心思想的重要内容一定要多提一下，而不是漫无目的肆意进行思维扩散和内容扩展，从金字塔结构的角度出发，重要内容指的就是那些具有逻辑关系的分论点，可以说，这些分论点是确保中心思想以结构化思维模式拓展开来的一个前提，也是构建金字塔思考模式的关键点。

无论是口头表达，还是书面表达，都必须突出那些能够点明主旨的内容，比如口头表达中那些重复强调或者加重语气进行强调的话，或者在文本中加粗或者加下划线的标题，这些都是突出重点的方法。

——逻辑清晰

无论如何，我们都必须正视一个问题，那就是逻辑问题，这也是整个金字塔结构的基本问题，对于金字塔思维而言，这也是一个最重要的问题。很多试图用金字塔思维来表达的人都是因为忽略了逻辑关系，或者没有厘清逻辑关系，才导致整个表达方式缺乏基本的说服力。

正因为如此，“逻辑清晰”成为构建金字塔结构的一个基本要求，至少在表达和沟通上，逻辑性是一个非常重要的元素，它确保了我们的谈话或者写作不会太过主观，也不会出现太多结构散乱、逻辑混乱的问题。

——主次分明

鉴于逻辑顺序的重要性，我们必须保证自己在使用金字塔思维进行表达的时候，注意对内容的重要性进行排列，即明确哪些观点是最重要的，哪些观点是次要的；哪些内容是最先提出的，哪些内容可以适当靠后。

主次分明是突出表达层次感和质感的一个重要原则，毕竟没有任何谈话内容会是同等重要的，换句话说，一旦我们认为所有表述的内容一样重要，那么就意味着所有的内容都变得不那么重要。正如我们汇报工作一样，毫无顺序和主次之分的谈话内容，往往会让汇报工作变得无足轻重，或者说会导致整个汇报工作的失败，因为没有哪个老板会对一大堆毫无重点的话感兴趣。此外，对于汇报内容主次的划分也有助于工作的执行。

以上这四个要求是运用金字塔思维进行沟通的基本要求，或者说是为了达到沟通目的的基本要求，我更喜欢乌达公司的总结，他们称之为一种金字塔式的沟通力。这种沟通力在很多时候都被人们忽视掉了，以至于多数人都在表达和沟通的时候犯下错误，甚至于整个企业都处于沟通不畅的状态，而金字塔思维则能够有效解决沟通问题，确保表达的清晰和准确，重要的是，只要我们坚持抓住这四个基本要求，就能够确保整个表达更具结构性和逻辑性，也更具说服力。

【延伸内容】金字塔思维应该是一种迎合他人的表达方法

运用金字塔思维可以更为高效地表达自己的观点，可以更好地将事情描述清楚，但是这种结构性并不是一种从主观立场出发的辩论式表达方法，而应该是一种以受众为中心的表达模式，受众在整个表达过程中应该占据主导地位，说话者的谈话内容与谈话方式都应该围绕着他们来展开。所以从本质上来说，金字塔思维应该主动迎合受众，它所提倡的方法与结构都是为了说服听众而存在的。

而从受众的心理状态来说，他们通常分为三种人：第一种是追求结果的，无论表达的内容是什么，他们更希望听到的是一个结果；第二种是质疑者，他们对于说话者所说的观点和思想表示怀疑，因此说话者必须想办法对自己的观点做出解释；第三种是执行者，他们关心的是要做什么，以及具体该怎么做。

这三种人完全对应三种角色："领导""专家""员工"。而表达者在面对不同的人物角色时，实际上都需要运用金字塔思维来组织自己的语言。比如一开始，说话者就要在最短时间内讲出自己的观点，这个时候，"领导"型的人其实已经达到了自己的目的，这种迎合性本身就已经起到了说服的作用，接下来表达者只需要对这个观点进行解释，或者说是进行细节性的描述来强化这种说服力。

在研究"领导"时，必须把握领导的一些共性，比如他们渴望听到的是好消息，渴望表达者的想法与自己的想法不谋而合，或者能够对自己的疑惑进行解答。此外，"领导"在听取报告或者汇报的时候，通常都具有这样的规律：重要的内容先说，次要的内容后说；总结性的内容先说，具体的内容后说；总领性的观点先说，论据后说；结果先说，原因后说；总的目标先说，过程后说；全局性的描述先说，细节后说。这样的规律确保了金字塔思维必须坚持先总后分、结论先行的原则，因此表达者必须将大部分精力放在提出一个怎样的观点以及怎样提出一个好的观点上。

对于"专家"型的人来说，任何观点都是值得怀疑的，他们根本不在乎表达者会提出什么样的观点，也不在乎这个观点是否正确、合理，因为无论怎样，他们都会想办法进行质疑，并希望获得更多的解释。因此表达者的目的就是借助一个观点来引出"专家"的怀疑，然后从不同的角度和侧面进行解释，寻找更多的论据来支持自己的观点。在寻找论据的过程中，专家会不断提出质疑和问题，而表达者要做的就是继续对这些论据进行解释。在整个过程中，表达者对于所有的话都要拿捏得非常到位，以便能够一步步引出问题并寻找解决问题的方法。

通常情况下，“专家”的角色定位出现在研究人员、工程师、科学家、医生、律师以及一些专业技能很强的领导身上，他们不太容易被表达者的主观观点所迷惑。在研究“专家”时，要明白他们非常反感听到结论，并且会想办法对结论的科学性、真实性、有效性提出质疑，因此表达者必须抓住这一点，先直接抛出一个富有争议的“论点”，然后根据对方的反应，一步步进行分析，最终构造出一个完整的思想体系。需要注意的是，在整个过程中，如何寻找论据以及寻找什么样的论据才是最重要的，论据是否合理直接关系到谈话的成功与否。有时候，为了防止引发“专家”的反感，不如采取自下而上的方法，先说出具体的内容（也就是论据），然后对这些内容进行归纳，引出自己的观点。

对于“员工”型的人来说，表达者的目的通常只有一个，那就是让对方按照自己的意思去执行任务，或者说将自己的观点、指令执行下去。不过，在希望获得他人的认可时，表达者需要准确描述具体的观点和任务，而不是主观地抛出一个不切合实际的目标，不是抛出一个别人根本做不到的指令。他们需要迎合“员工”的兴趣、能力以及利益点来表达自己的观点，并且给出详细的方法和步骤，以此确保整个任务的可行性。“员工”型的人有可能是公司的职员和执行者，也包括朋友、同事以及合伙人。

除了以上三个主要角色外，还有一些不同的角色，而无论是哪一种角色，金字塔思维的目的都是提升沟通的效率，而这种沟通的最终目的就是使受众对自己的话题产生兴趣，确保受众能够理解并接受这些说法和观点，确保受众记住说话的内容和指令，让受众执行并操作这些指令。想要达到这些目的，最重要的方法就是迎合对方。

一家美国电信公司准备进军非洲市场，于是就安排专员去非洲分别与政府、经销商以及民众代表进行谈判，希望能够说服他们。专员担心自己在谈判的过程中出现失误，就让助理给自己准备三份不同的演说词。

助理很快就写完了三份演讲词，而三份演讲词的内容都差不多，唯一不同的就是在提到电信公司能够为非洲带来什么帮助的时候，助理将各个利益点的顺序调换了位置。

第一份的内容是这样的："我们坚信这次合作可以为贵国带来丰厚的回报和利益：第一，社会效益；第二，经济利益；第三，生活方式的改变。"

第二份的内容："我们坚信这次合作可以为贵国带来丰厚的回报和利益：第一，经济利益；第二，社会效益；第三，生活方式的改变。"

第三份的内容："我们坚信这次合作可以为贵国带来丰厚的回报和利益：第一，生活方式的改变；第二，社会效益；第三，经济利益。"

实际上，通过这些顺序的调换就可以明白助理试图迎合不同受众的想法。首先对于政府来说，社会效益是最重要的，能不能促进当地经济的发展，能不能带动当地的就业，能不能改变当地的社会形态，这些都是政府所关心的，所以谈判时应该重点把握这个问题。

当公司与当地的经销商进行谈判时，首先要明白的是商人都是逐利的，他们更加看重的是合作能不能带来更大的经济利益，因此公司应该将经济利益摆在第一位来说。

当公司与当地民众代表谈判时，应该先谈一谈电信公司的成立会给民众的生活、通信带来什么便利，能够让他们获得什么样的好处，这样才能够真正打动他们。

很显然，在运用金字塔思维进行表达的时候，无论是哪一种顺序，哪一种具体的表达方式，实质上都是为了更好地迎合受众。我们对于事物的思考和分类，实际上都来源于对受众心理的分析，了解他们最感兴趣或者最容易关注的点，然后针对性地进行排列分类，可以说整个思考过程都是为了满足受众的兴趣与需求，而这是表达的一个基本原则，也是最重要的一个原则。

第六章：解决问题的思考方法

金字塔思维与问题的解决

得克萨斯州的第二机械厂最近购买了一批新机器，不过在厂长宣布正式引入这批机器来开辟三条新的生产线第三天，问题就出现了，这批机器竟然集体停工，无论如何调试，就是不运转。反观那些老机器，虽然效率不那么高，但是运行情况非常良好。

看到产品出现问题后，公司里的人急得团团转，大家都想不出什么解决问题的办法。工程师们最后干脆直接拆开机器进行维修，可是维修之后却依旧没有任何动静。两天之后，公司联系上了卖新机器的商家，并用严厉的措辞责备了商家的欺诈行为：

“贵公司的新产品存在严重的技术问题和故障，因此我司决定在三天之内全数退回所有的劣质机器，并追讨贵方的责任，以期能够挽回因为机器故障造成的各种损失。”

商家听说后，立即安排专人前来调查，结果发现问题出在小小的线头上，原来这些新机器所使用的线头和一般机器的线头不一样，它们需要一些新型的插口来进行运作，而得克萨斯州的第二机械厂在这一方面存在很大的不足，使用的还是一些老旧的线路插口。

这就是一个小问题，而且问题一下子就迎刃而解，而在整个事件中，得克萨斯州的第二机械厂更像是在无理取闹。但为什么一个小问题会变成一个让人束手无策的大问题呢？原因就在于得克萨斯州第二机械厂在解决问题方面存在很大的不足。首先是他们缺乏冷静的头脑，遇事很容易慌乱；其次在于他们缺乏解决问题的思路。

当机器停运的时候，每个人都认真思考问题究竟出在哪儿，以及究竟是什么问题，而在并不知道问题出在哪儿的情况下，工程师就贸然地拆开机器进行维修，这对问题的解决并没有什么帮助。这样的解决方式几乎不能够让人理解，他们根本没有找到最合适的解决问题的方法和步骤，他们也没有按照流程办事。

在生活中，这种错误并不少见，很多人都欠缺冷静的头脑和理性的分析能力，他们并没有在大脑中建立起一整套解决问题的机制，而事实上他们甚至都不知道该如何更为合理地解决这些问题。

通常情况下，整个过程我们应该坚持走这样一个流程：判断和分析是否有问题—了解问题在哪里以及它是什么—通过分析去调查清楚为什么会存在这些问题—我们能够做点什么—在解决的时候，具体应该怎么去做。

这是我们解决问题必须明确的一个基本步骤，任何混乱或者遗漏都会造成解决的难度和障碍。有关解决问题的方法，哈佛大学的布克教授在《解决之道》中是这样描述的：“一个残酷的事实是，在我们遇到某个问题的时候，我们的第一直觉是‘我能不能解决它’。在我们意识到自己可能有能力去解决某个问题之前，我们甚至会忘了应该先想一想这个问题是什么，它源自哪里，以及产生的原因是什么。而一旦我们意识到这个问题可能难以解决，同样会造成思维的紧张和混乱，我们更不会认真分析问题出在哪儿，以及它是如何产生的。”

另外，有关如何去解决问题，我们常常需要对问题本身进行深入的分析和调查，如果缺乏逻辑性和条理性，那么到最后我们常常会发现自己正被大量需要分类和考虑的事实、数据、信息以及各种稀奇古怪的想法所包围，而想要从中提炼出有用的东西将会耗费我们大量的时间。比如，在明确是否存在问题以及明确问题的起因时，通常需要搜集大量的数据和证据来进行验证，同时还要防止一些模棱两可的成因误导我们的思维。这些都是非常复杂的工作，如果不能找到更具效率的方法，那么无疑会增加解决问题的难度。

事实上，不恰当的方法或者毫无章法的混乱措施会让我们的效率大打折扣，如果意识到我们在解决问题方面的混乱，就会明白自己其实完全可以做得更好，自然而然，我们必须重新设定一种更好的思路和方法。而我们一旦对解决问题的基本流程进行剖析，就会发现它的过程与金字塔思维的基本框架是非常契合的。比如金字塔思维的思考模式就是先明确一个核心主题，然后再对这个主题逐层进行分析。而对于问题的解决，也是先从问题的界定开始的，然后对问题的原因进行分析，最后想办法予以解决。

1.判断和分析是否有问题，然后了解问题在哪里。这两个步骤属于界定问题的范畴，简单来说，就是对问题有一个最基本的了解。从金字塔思维的角度来说，就是确定一个核心主题或者核心观点。

2.通过分析去调查清楚为什么会存在这些问题。这是一种结构化的分析，通过对理由的逐层分析，可以建立起金字塔内部的纵向体系和横向体系，从而打造出一个最基本的思维框架。

3.我们能够做点什么，在解决的时候具体应该怎么去做，这两者实际上属于寻找解决方案的范畴，这些方案属于金字塔底部的具体执行行为和执行步骤。

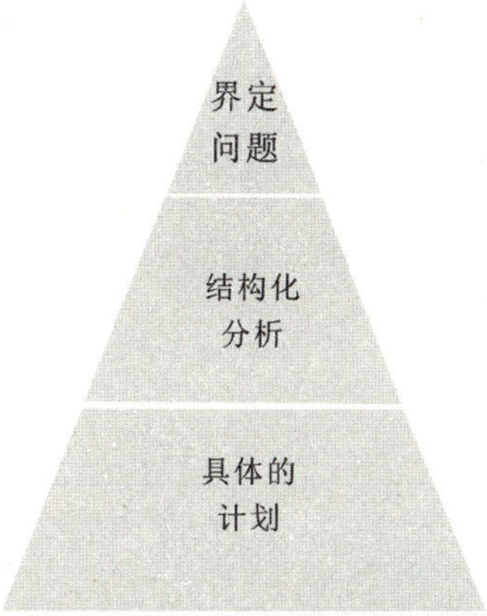

作为一种思考方法和表达方法，金字塔思维的框架、逻辑、顺序对于解决问题来说至关重要。如果将金字塔思维进行分层，那么思考的塔尖就是明确问题是什么；思考的塔身就是确定问题的结构，并利用结构化的方法来分析；思考的塔基就是具体的计划、步骤、执行活动。

因此，在运用金字塔思维解决各种问题的时候，首先要明确的就是划分不同的结构和层次，然后将每一个结构和层次进行认真处理，这样就能够充分发挥出金字塔思维的功效。

why：找准塔尖上的问题

我的朋友罗斯先生一年前在克莱斯勒公司谋了一份差事，不过工作似乎并不那么轻松，而且随着工作的推进，他也开始质疑自己的工作是否出现了什么问题，甚至产生了很强的挫败感。尽管说不清道不明问题到底出在哪儿，但他总是觉得某些地方怪怪的。

后来他打来电话让我帮忙，而当他坐在咖啡厅里神神道道地讲述各种奇怪的感觉时，我特意让罗斯回忆一下自己的工作状态和工作绩效。罗斯先生大致描述了他这一年的工作情况，实际上他过去一直都保持着非常不错的领导能力，按照自己独有的管理方式，部门的工作效率每个月都得到有效提升。这几个月，他开始尝试运用一套更为严格的管理方法，尽管他还不是一个雄心勃勃的野心家，但他一直都希望能够借助新的管理方法，将部门的工作效率和业绩提升5%，以此来引起高层的关注，他觉得这是自己获得快速晋升的机会。但事实上，他并没有做到，而且整个部门的工作效率降低了3%。

此外，他一直都希望能够和同事们搞好关系，但是克莱斯勒的老员工似乎没打算给他面子，彼此之间的关系只能说是平平淡淡，尤其是他们最近还瞒着罗斯先生去迈阿密度假。他似乎在工作中尽到了全力，但最终的效果却并不尽如人意。

在界定罗斯所遇到的问题之前，我们可以先了解一下有关“问题”的概念和定义。实际上所谓的问题往往就是指我们所做事情的结果与所期望获得的目标之间的差距，这种差距的存在就预示着问题的存在。其中现实结果（在某一特定背景下导致的某一特定的不尽如人意的结果）可以称为非期望结果；我们渴望获得的结果和希望达成的目标可以称为期望结果。我们对于非期望结果的排斥，以及对期望结果的热衷几乎就是一种本能的情绪反应，而这正是问题产生的关键。很明显，罗斯在工作和人际关系的处理上的确遇到了一点麻烦。

此外，在分析问题的过程中，还有一个要素也非常重要，那就是要了解具体发生了什么事情，这其实就是问题出现的背景。而从这个背景中，往往可以有效窥测出问题的端倪，因此背景成为一个非常有效的切入点和突破点。而对于罗斯来说，他在试图改善工作效率和人际关系的时候，采取了更为严格的管理方法，这个新型的管理模式完全可以作为一个重要的切入点进行分析。紧接着，我们就可以这样进行思考：是不是罗斯的新型管理方法太过严格而引发了员工的不满？

通过对这三个重要元素的把握和分析，我们可将其转化为三个需要回答的基本问题：发生了什么事情（背景）？我们不喜欢它什么（非期望结果）？我们想要获得什么（期望结果）？而这三个提问实际上就构成了界定问题的基本框架：罗斯的新型管理方法是否因为太过严格而引发了员工的不满？为什么罗斯感到不开心（部门的工作效率下降了3%，员工和自己的关系很差）？罗斯想要获得什么（罗斯期望的目标是效率提升5%，并渴望和员工处理好关系）？

我们可以回忆一下序言的基本要素：背景、冲突、疑问、答案，与上面的基本问题进行对比，就会发现界定问题的关键实际上也就是确定金字塔的序言。以罗斯的情况为例子。在界定这个问题的时候，背景是“罗斯推行了新的管理方法”；冲突是“部门工作效率下降，管理者和员工的关系变得更糟”；疑问是“如何让效率得到增长，如何让关系得到改善”；至于答案，在界定问题的时候，这个答案是隐性的。

序言的主要功效是引出中心论点，界定问题的框架同样是为了借助三个基本的提问来引出那个最核心的问题。从这一方面来说，只有建立起界定问题的框架，才能够为解决问题打好基础，而这也是利用金字塔思维解决问题的重要一步。

那么该如何建立起框架呢？如果对界定问题时的三个基本提问进行分析，就可以构建界定问题基本框架的四个要素，即切入点、困扰、非期望结果、期望结果。

其中，切入点就类似于一个序幕，就像我们进入电影院时，大幕拉开后舞台的布景。一般情况下，切入点（序幕）是由结构和流程决定的，比如企业的办公地点之类的结构就是序幕结构，企业的管理流程就是序幕流程。“罗斯先生是克莱斯勒公司某部门的主管，他过去一直按照自己独有的管理方式管理员工，大家的工作效率每个月都得到有效提升。”这就是切入点。

困惑指的是某件事情的出现或发生打扰了结构或者流程的正常运行，对序幕中的背景构成了某种威胁和破坏，并引发了非期望结果。通常来说，市场变化、国家政策、新技术的出现、竞争对手的干扰等外部环境的变动会导致困惑的出现；而从内部来说，流程的变动、方法的改革、内部结构的调整同样会造成困惑。“罗斯先生采取更为严格的新管理方法，导致工作效率下降，上下级关系更加紧张”就是一种困惑。

加上非期望结果和期望结果后，我们就掌握了“问题”的主要内容，这些主要内容的确定意味着我们可以对问题的本质进行探索：从非期望结果（现状）到期望结果（目标）是如何产生的，或者说我们是否决定了该怎么去做。

所以常见的问题是尚未找到解决问题的方法，我们并不清楚该如何改变现状，或者说让现状变成自己所期望的那个结果。不过很多时候，我们遭遇到的问题比罗斯的例子要更加复杂，比如有时候我们发现并界定了问题的存在，甚至已经找到了解决问题的方法，但这种方法是否正确呢？如果是正确的，那么该如何实施下去呢？在分析过程中，解决问题的方案很有可能会引发新的问题，或者成为引发问题的“冲突”。这时候的背景是“某件事存在问题”，冲突是“提出了解决方案”，疑问是“方案是否正确，或者方案该如何实施”。

如果我们界定了问题，也拥有了一套有助于实现现状到目标的解决方案，但发现方案因为某些特殊原因而不起任何作用，这个时候问题就会变成“该做什么”，整个问题（序言）的背景是“某件事存在问题，但具备了解决方案”，冲突是“解决方案行不通”，疑问是“接下来该做些什么”。有时候我们界定了问题，而且找到了多套解决方案，但并不知道或者没有决定该选择哪一种方案。此时的背景是“某件事存在问题，但我们具备了多套解决方案”，冲突是“解决方案太多，不知道该如何选择”，疑问是“接下来该怎么办”。

对于问题的界定也有可能存在一些非常特殊的情况，比如企业意识到自己的市场份额下降了4%（现状），但是他们却没有办法给出一个具体的期望结果（发展目标不明确），而由于期望结果的不确定性，导致企业缺乏相应的战略规划，而且也迟迟无法找到解决方案。有的企业期望此后每年的销售额都能够至少提升7%，但是他们并没有意识到自己每年的销售额都在下降的事实。在这里，企业有自己的期望结果，却没有意识到非期望结果（对现状没有清醒的认识），企业面临的问题被掩盖掉了，他们并不清楚自己存在什么问题，自然也不可能产生解决方案。

不过无论怎样变化，无论面临什么问题，实际上都还是按照特定的框架来进行，而在分析和界定所面临的问题时，只要通过对整个框架的构建，我们就可以更好地找出问题所在，并且了解这些问题产生的根源。更重要的是，当我们建立起框架之后，就可以将其直接转化成金字塔结构中的序言，它能够帮助我们在寻找有效的解决方案时，找到问题的原因并借此提升结构化分析的效率。

what：寻求塔身的解决方案

当我们界定问题之后，必须意识到一点，从界定问题到寻找解决方案或者解决问题还需要经过一系列复杂的程序，这个程序实际上就是对界定好的问题进行分析。通常情况下，我们的做法是搜集资料，并以此作为分析的基础，而整个流程往往是这样的：

搜集信息—描述发现—得出结论—提出方案。

一个无法避免的行为是，我们中的绝大多数人都迫不及待地要将信息搜集工作摆放在第一位。在我们试图分析某个问题的时候，搜集资料和信息是一个稳妥的老方法，考虑到我们不可能积累所有的知识，或者积累足够多的足以解决任何问题的知识，因此搜集相关资料会成为一个惯用的手法。

“我们所采取的错误步骤具有惊人的一致性。”这是哈佛商学院的布莱恩教授提出的一次郑重的警告，而这句话并不是毫无理由的。一个有意思的现象是我们乐此不疲地寄希望于大量的资料，并且总是尽可能地搜集更多的信息，但实际上多数信息都没有什么价值。美国的几家大型咨询公司曾经联合起来做了一个调查，结果发现高达60%的资料对于问题的分析和解决根本起不了什么作用，事实就是我们所认为的那些值得依赖的数据、有意思的信息、完善的表格在多数时候成了精美的摆设，其中的大部分资料与所界定的问题几乎不存在太多的关联性。希维斯特公司对员工的要求是：“将你搜集到的所有资料打个对折然后再提交上去。”但即便是这样，员工每年所搜集的资料中仍旧存在大量的垃圾信息。

这里主要涉及两个问题：信息的准确性与信息的提炼。首先，我们搜集的信息可能过于片面，甚至缺乏关键数据和论点，这样就迫使我们必须进行新一轮的信息搜集工作，或者说扩大搜集范围。其次，我们对所搜集到的信息必须进行精准的提炼，这是一个简化过程，但同时也非常复杂和困难，我们往往很难从中得出一个清晰的结论。

盲目的信息搜集工作永远不是一个高效的方法，我们在人力、物力、时间、成本上的耗费往往让人觉得得不偿失。所以我们必须想办法缩小资料搜集的范围，也就是说所有的信息搜集工作必须变得更具针对性。从这个角度来说，在搜集资料之前，对界定好的问题进行结构化的分析是一个不错的方法。

结构化的分析就在于将所要思考的问题的各种原因进行假设，通过对假设后的原因进行分析，整个分析方法可以简化成：假设各种原因—通过实验排除假设—得出结论—调整和补救。这个分析方法或者分析流程的关键就在于通过假设来找到产生问题的原因，而想要实现这一点，首先就要对界定问题框架中的切入点进行认真细致的分析。通常最好的方式就是打造一个合适的问题诊断框架，它的主要功能就是帮助我们设想产生问题的领域的状况，并分析我们所关注的各种要素。

诊断框架是寻求塔身解决方案的一个重要工具，通过搜集那些建立诊断框架所必需的资料就可以揭示目前的状况的关系，从而提出自己的见解，并对问题提出新的假设，接下来，我们只需要去搜集那些能够证明或推翻这些猜想的资料和信息。

比如父母会发现自己刚刚上学的孩子在学校里哭过，那么是什么原因造成孩子容易哭泣呢？一般来说，导致孩子哭泣的原因分为身体上的伤害和精神上的压力。而身体上的伤害可以进一步划分为他人的伤害（包括殴打、侮辱、撞击等），自我的伤害（意外受伤、生病）；精神上的压力可以划分为学习的压力（不能完成作业、害怕面对老师的批评），人际交往的恐慌（紧张、恐惧）。

接下来，家长可以针对不同的假设性原因寻找资料，看看是否能够明确是什么原因导致孩子在学校里哭泣。

事实上，在建立诊断框架的时候，我们可以建立起一个有形的结构（通常情况下，事物都具有各自的结构或系统，因此在分析的时候可以画一幅系统状况图，从而方便对问题进行分析），或者尝试着寻找因果关系（寻找具有因果关系的要素、行为，得出诊断结果），进行归类分组（将产生问题的可能原因按照相似性进行分类）。

比如谷歌公司曾经生产了智能化的谷歌眼镜，但是最终获得的利润却很微薄，以至于谷歌公司在发行第一款眼镜之后不得不暂停第二款眼镜的研发。自然而然，对于一款原本被认为足以颠覆电子行业规则的新产品，被寄予厚望的谷歌眼镜并没有产生类似于苹果手机的效应。那么是什么造成了谷歌眼镜的惨淡收场呢?

很显然，谷歌公司的利润低下和营业额、营收毛利、销售成本相关。其中对营业额造成影响的因素包括内在因素（技术不成熟、功能单调且与其他智能产品出现功能重叠、宣传力度不够、缺乏创意的成品展示、过高的价格、产品外在形象不理想），外在因素（市场需求不大、其他同类产品的低价竞争、眼镜使用习惯的冲突、道德问题和安全问题）。

营收毛利主要和产品成本太高、价格无法获得太大突破有关。

销售成本则包含以下几种原因：项目太复杂、技术成本过大、成本控制不佳。

一旦建立起诊断框架，我们就能对产生问题的领域进行更为明确的分析，就可以了解事物的现状、我们过去的行为以及明确实现目标所要做的事情。

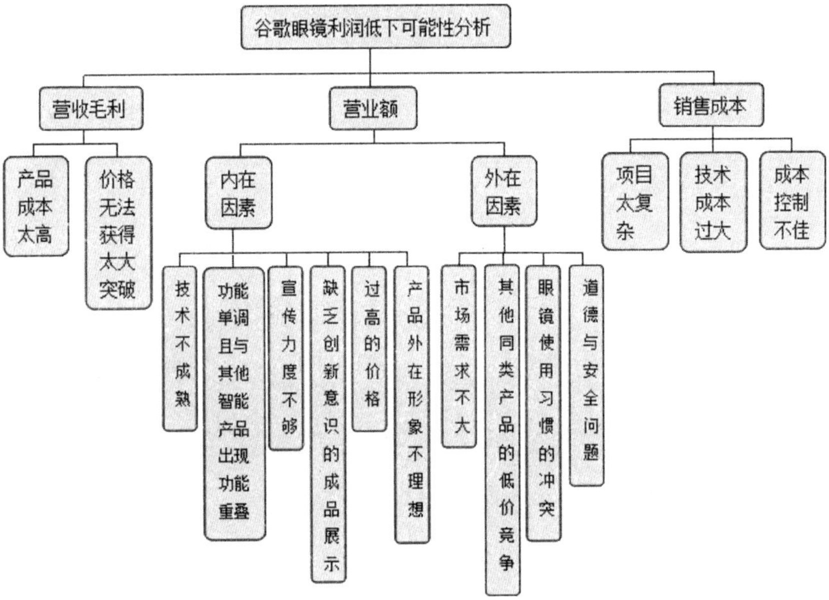

诊断框架图

需要注意的是，在运用诊断框架进行分析的时候，往往只需要将所有可能性的原因列举出来，然后回答“是”或者“否”。如果我们发现这个细化后的原因是导致问题的其中一个因素，那么就回答“是”，这样就确定了一个原因。如果我们发现这个原因根本没有导致相关的问题出现，那么就回答“否”，这时候就排除了这个原因。比如苹果公司的股价下跌，细化了的可能性原因有公司利润降低、创新能力不足、竞争对手的挤压、市场萎缩、严重的债务危机、内部分裂、遭遇严厉制裁等。其中对“公司利润降低、创新能力不足、竞争对手的挤压、市场萎缩”等原因的回答是肯定的，而“严重的债务危机、内部分裂、遭遇严厉制裁”的回答则是“否”。通过“是”与

“否”的回答，可以确定或者排除其中一部分原因。

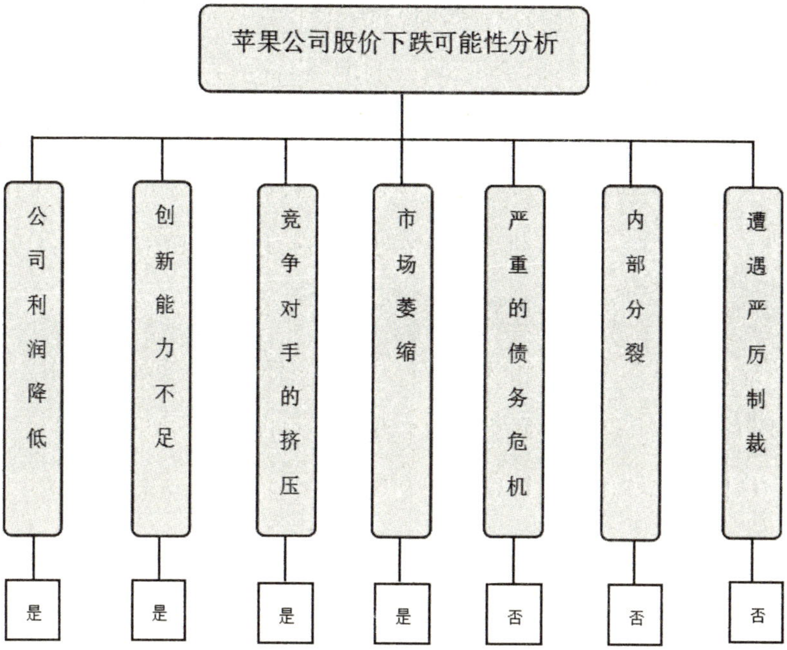

是否图

“是”与“否”的选择往往还存在于结构上的选择。比如当我们得知某企业销售收入不佳的时候，可以先确定是线上销售或者是线下销售。比如在进行线下销售的时候，商场的选择很重要，因此要么是选对了商场，要么就是选错了商场。如果选错了商场，那么就证明这个原因导致了线下销售的萎靡；反之，如果选择了正确的商场，那么就需要继续深入下去来分析导致销售不佳的原因。这个时候要么就是宣传促销到位，要么就是宣传促销不到位。如果宣传促销不到位，那么就意味着调研工作止步于此，不必再往下寻找原因了；如果宣传促销到位，那么我们需要思考的是服务态度问题。如果服务态度好，那么可以继续往下寻找原因；如果服务态度不好，那么就证明服务态度不好才导致了销售业绩不佳。而服务态度不好表现为“售后服务不到位、对顾客不耐烦、经常怂恿顾客购买不必要的东西”。

为了回答“是”与“否”的问题，我们必须想方设法寻找相关的资料，简单来说，有哪些方面存在不足，有哪些方面做得不到位，这个时候我们会相应地形成需要搜集资料的问题。

此外，通过“是”与“否”的回答之后，我们可以明确问题产生的原因，然后再针对这些原因寻找解决问题的方案，可以说整个解决方案实际上是建立在诊断框架的基础上来进行的。

how：在塔基产生具体的计划

甲骨文公司的部门经理库约奇先生最近向我抱怨公司里发生的事情：最近公司的一个网络项目一直发展不顺，为此整个部门想了很多办法来解决问题，当然当他们发现问题并重新设计了不错的解决方案后，事情便没了下文。整个部门似乎对此感到万事大吉，因为问题不再像幽灵一样困扰他们了。

但库约奇却忧心忡忡，因为问题被界定清楚，原因被寻找出来之后，并不意味着所有的问题将迎刃而解，关键在于执行，在于具体的计划和方案。对于甲骨文公司而言，问题确确实实仍旧存在，因为他们还没有产生具体的行动计划来解决这些问题。

库约奇的担忧实际上反映出了一个本质的问题：一个完整的金字塔应该是怎样的呢？我们在界定问题时可以打造一个基本的框架，在诊断和分析时，可以产生一个基本的框架，但是这些框架都不能代表金字塔，在解决问题的时候，我们需要强化的重点是“解决”，而解决的关键就在于制订最后的执行计划。解决问题的流程就是：问题—分析—结论—解决方案。

如果我们在运用金字塔思维来思考解决问题的方法和方案时，“具体怎么做”就是我们构建整个问题金字塔体系的塔基，也是运用整个金字塔思维解决问题的塔基，这是解决问题的一个最终方案，而不是简单的分析性质的框架。

比如苹果公司在20世纪80、90年代曾经遭遇了困境，公司一度濒临倒闭，而高层和股东并没有找出问题所在，并且缺乏相应的补救措施。万般无奈之下，大家只好让被罢免职务的乔布斯重新出山，执掌苹果经营大权。

乔布斯认为苹果公司存在极大的风险，因此规避这些风险成为一个必须慎重考虑的问题。通过对风险问题的界定和分析，乔布斯发现这种风险主要来源于产品、组织、企业文化、竞争策略、营销策略等方面。所以在解决这类问题时，他果断提出了各个切实可行的解决方案和计划。

——在产品战略上进行改革

首先砍掉过多的产品生产线和产品类型，留住那些更有市场、更具发展潜力、盈利更大的产品；其次，苹果公司应该尽快放弃低端市场，将发展的重心全部放在中高端市场尤其是高端市场上，通过产品的质量、技术优势来提升利润，最重要的一点就是确定了企业品牌的形象和发展的坐标。

——对组织人员方面进行改革

占领低端市场给苹果公司增加了很多不必要的成本负担，也使得队伍素质偏低，在放弃低端市场之后，也就意味着必须精简队伍，放弃低端人才，留住那些最优秀、最适合的高端人才。所以乔布斯上任后精减了队伍，将工作技能不高的人全部辞退，只留住那些具备更高技能的专业型人才。

——对企业文化进行改革

首先公司要明确自己的宗旨，那就是为市场、为顾客服务，因此关注用户个性化的体验成为苹果公司文化的一部分；此外，公司需要尊重人才和创意，重点打造以员工的个性化和创造力为主的企业文化。

——对行业竞争的改革

当苹果公司面临内忧外患的时候，企业必须调整市场的利益关系，寻求新的合作与竞争模式。因此公司应该立即改善与其他合作伙伴以及竞争对手的关系。

——对营销方面进行改革

苹果公司的问题在于产品卖不出去，因此必须重新打造新的营销渠道，同时也需要重新策划自己的营销方案，并且重点做好广告宣传工作。

事实上，这些解决方案是经过严格验证的，也就是说，它们都是解决内部风险以及企业发展不善等问题的重要解决方案。找出问题所在以及问题存在的原因，并得出相应的解决方案，这是金字塔思维的重要内容，而任何一种思考的方法，其目的都在于最终解决问题，而解决问题的关键不仅仅在于对问题的界定和分析，也不仅仅在于提出一个具体的解决方案，我们还必须弄清楚该怎样去落实这些解决方案。

那么接下来，乔布斯是如何实施每一个计划的呢?

在产品战略改革的计划中，公司需要先做好调研工作，了解产品线的盈利情况和亏损情况；找出那些价值低、利润低的产品，为此他将原先的15种产品减少为4种产品，尤其是确定了优先发展电脑、电脑系统、iPod音乐播放器和iPhone手机的产品线；约谈公司高层和项目主要负责人，确定削减的计划；处理好相关的人事安排，直接进行改革。

在组织人员改革的计划中，公司主要分两步走。第一，在削减那些低端产品线和低价值产品线后，对相关工作人员进行裁员处理；第二，审核整个公司内部的员工绩效，了解员工的能力和工作状态，并且掌握他们的技能优势。之后按照公司的产品战略需求，确定公司所需的人才，而对于那些被裁掉的员工，要按照规定给予必要的补贴。

在企业文化改革方面，他先对公司现有文化进行综合，了解企业文化的核心；进行市场调查，看看客户需要什么，渴望获得什么体验；对调查结果进行分析，对现有企业文化进行改进和完善。

在处理行业竞争问题时，乔布斯先将所有的合作伙伴、竞争对手罗列出来，对彼此之间的利益关系进行梳理；从微软公司开始，乔布斯挨个会见与苹果存在利益关系的公司老总，双方进行谈判，强化合作关系，化解存在的纠纷，并签订协议。

在面对营销方面的困难时，乔布斯先对所有的营销渠道进行整理，并对市场进行调查；了解各项营销渠道的销售情况，从而确定了最佳的营销渠道和营销方式。其次他对公司的广告营销进行改革，重点打造更为简单、形象的营销广告。

在针对每一个具体的解决方案时，乔布斯都给出了合理的计划，从而确保这些方案可以更好地得到落实，并且真正发挥出解决问题的作用和优势。

在运用金字塔思维来解决问题的时候，“怎么去做”通常是最容易被人忽视的，这几乎是很多人或者企业的通病，总是在强调“问题是什么”或者提出“我们应该做点什么”，他们不介意多花点时间来找出问题所在，也不介意提出几个不错的解决方案，但是这些方案该如何实施和落实下去，似乎并不在他们的职责范围之内。而由于缺乏更为明确的执行方案和计划，导致最终的解决方案只停留在一个大概的模糊思维阶段，而并没有真正落实到执行当中去。

就像我们知道企业想要赢利就需要提高工作效率一样，而引进新技术是一个不错的解决方案，那么具体该如何引进新技术呢？或者说引入新技术的方式和步骤是怎样的？对此，企业是否拥有明确的规划和设计呢？通用电气公司的总裁杰克·韦尔奇在提到企业处理问题方面时说过这样一句话：“我们经常会被锁在门外，现在大家都知道了应该去弄到一把房门的钥匙，然后就皆大欢喜了，事实上根本没有多少人愿意花时间去想想该怎样去找到或者打造一把这样的钥匙。”

我经常被一些企业管理者邀请去做咨询，这些企业也在积极推行金字塔思维，关于这一点的确令人感动，但问题在于他们对于金字塔思维的理解仅仅是一种“对某个问题的分解”，所以他们通常会这样说，“我找到了问题的所在”或者“我可以提出几个解决方案”，但很少有企业的管理者会继续认真地对那些解决方案进行进一步的分解，他们觉得得出解决方案就意味着大功告成，意味着所有的问题都将迎刃而解，可是整个金字塔思维的思考过程并没有完全终结呢！很显然，企业的问题或者个人的问题有时候就像疾病一样，我们现在从医生那儿取得了药方，但这并不意味着我们的病情将得到缓解，因为我们还不知道该如何去服用这些药物呢。是外敷还是内服？我们每天该服用几次？有没有具体的步骤？

而对那些确定后的解决方案进行分析和分解，将其转化成为具体的步骤，这是金字塔思维的塔基所要解决的问题，也是整个金字塔思维得以完成的最后一个环节，更是将思考转化为具体行动的指导性方案。一旦我们选择将其忽视掉，整个金字塔的结构就会变得脆弱，我们对于问题的解决也将面临虎头蛇尾的尴尬境地。

运用逻辑树来解决问题

在界定问题、分析问题、解决问题的过程中，我们所面临的常常是一大堆烦琐的文字，或者是比较复杂的思考过程，而这常常会成为一个很大的困扰。在过去十年的时间里，麦肯锡咨询管理公司对世界排名前20的企业进行了调查，发现一个困扰多数企业的问题：分析和解决问题的信息过度扩散。

从某种程度上来说，对问题的界定、分析以及解决方案的提出都会牵引出各种烦琐的东西，复杂的流程，繁杂的信息，各种推理和结论，从问题到原因，从原因到结论，从结论到具体的计划和步骤，这些都是思考中生成的信息。而当我们在解决问题的时候，实际上不仅仅需要搜寻各种信息，而且本质上就是一种信息的扩散和重新编辑，这对个人的头脑往往是一个考验，尤其是当这个问题变得比较棘手的时候，它所包含的信息量会更大、更复杂。

即便我们有效把握住了思维的框架和内在的逻辑关系，但思考本身所产生的巨大信息量根本不可避免，或者说这是解决问题时必要的扩展，这种扩展往往视情况而定，而对于金字塔思维这种思考模式而言，由于它追求完整性和全面性的特点，因此更容易产生更多的信息量。而现如今，我们同样需要面临更为复杂的环境，这也导致问题需要更加细致地进行分析。而如何有效地将这些信息组织在一起，并且梳理出一个明确的流程，这需要运用一些更为简便的方法。

莫利达尔公司是一家制鞋工厂，在过去几年时间里，它的经营出现了很大的问题，为此公司不得不对原有的生产方式和组织人员进行调整，并且换掉了原有的生产线。接下来公司制定了年产50万双鞋子的目标，但实际上这一年，公司只达到了30万的年产量，高层和股东对此都不满意，他们都希望能够尽快找出问题所在。

为什么会出现“年产量只有30万”这个非期望结果呢？首先我们可以对造成这个现状的各个原因进行假设：工作时间减少、工作人员减少、工作效率降低。工作时间减少和工作人员的减少通常与企业的政策有关，而导致工作效率低下的原因有很多：工作节奏放缓、不可预知的干扰因素、流程不明确。

工作节奏放缓：公司激励不够（工资原地踏步、工龄优势削弱、晋升艰难）；监督不到位（缺少监管人员、监管时间减少、监管人员素质不高）；工作技能要求不高（降低招聘门槛、培训不到位、不重视分工协作）；新机器不好用（新机器返修率高、无法熟练操作）；工作环境不好（有害物质、空间较小等）。

不可预知的干扰因素：流程内部的延迟、生产计划的突然变更、人员的调整、相关资源的延迟。

流程不明确：工作顺序混乱、工作重叠和遗漏。

不得不说，类似的描述往往很费脑子，我们甚至很难将这些烦琐的内容全部记下来，更不必说按照这种思路进行思考和分析，而对于运用金字塔思维的人来说，利用逻辑树可以有效解决这个问题。

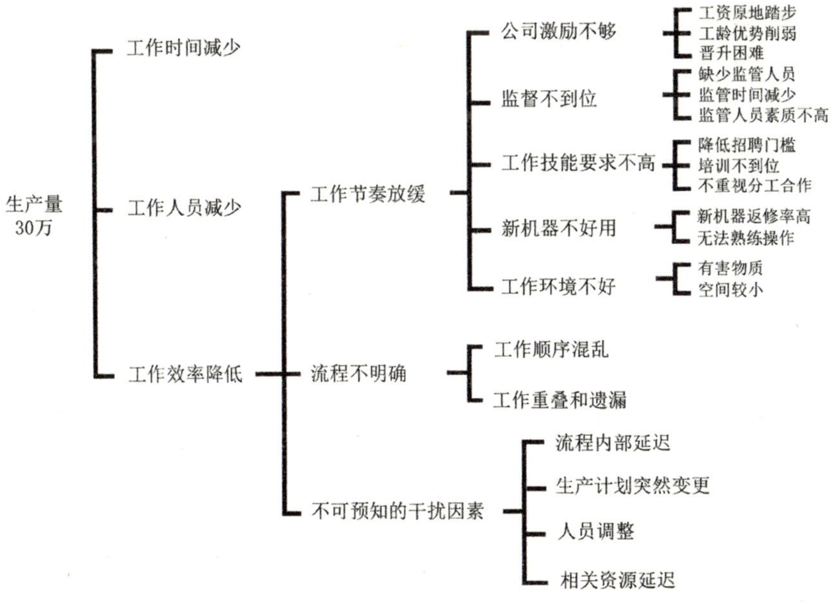

通过对逻辑树的运用，就可以打造一个比较完整、系统的解决方案，可以说，在整个思考过程中，逻辑树让思考变得更加简单，让所有的思路变得更加清晰、明确。事实上，逻辑树是一种非常重要的分析工具，比如当我们列出各种可能的原因以及分析方法后，可以尝试着建立一个逻辑树，它是寻求解决方案的另一个重要工具。通常情况下，可以运用逻辑树来分析问题的原因，即明确"为什么"。首先我们可以由左至右画出树状图，最左边空格中的内容，就是"思考的主题"；其次是思考造成问题的原因，并做出第一列原因的表格，当第一层原因浮现后，可针对个别原因再深入细究，依次是第二层原因、第三层原因……

透过逻辑树的层层推演，可将问题抽丝剥茧，严密地探索问题背后的每一个原因，接下来我们就能够将那些表面化的问题，以因果逻辑为线索，在深度与广度上寻求成因。

逻辑树也适合用来指导我们"怎么做"。在运用逻辑树追究出问题的成因之后，这个原因就成为分析的结果，我们所要做的就是以这个分析结果作为依据，思考一些具体的解决方案。首先将"思考的主题"或"有待解决的问题"放在逻辑树最左边，之后则是以问自己"应该怎么做来解决问题"的方式，一步步深入找出具体方法。

使用解决对策的逻辑树时，要注意不要偏离目标，以及行动间要有具体的因果关系。在把解决对策"具体化"的过程中，必须反复追问"怎么办"，只要多个对策都能用逻辑树串联起来执行，问题就很可能被解决。这和追究原因的逻辑树的不同之处在于，只追问原因可能会忽略掉有建设性的见解。

麦肯锡公司提出了几种常见的逻辑树，分别是议题树、假设树、是否树、项目树，这些逻辑树与金字塔结构完全相呼应，塔尖上的界定问题可以使用议题树来表达，塔身寻找解决方案可以使用假设树和是否树，塔基的具体实施计划可以使用项目树。

议题树是一种将事物细分为有内在逻辑联系的副议题，主要的作用是将问题分解为可以分别处理的利于操作的小块。通常情况下，议题树出现在解决问题的早期，这个时候我们在解决问题的过程中并没有形成各种假设，事实上也并没有足够的可以形成假设的基础。

假设树主要是假设一种解决方案，并确认以足够的论据来证明或者否定这种假设。一般来说，假设树存在于潜在的解决方案之中，目的是加快解决问题的进程。在分析的过程中，当我们对于问题的情况有了更多的了解时，往往就可以提出更为合理的假设。

是否树是一种重在说明可能的决策和相关的决策标准之间的联系的逻辑树，目的是确认对目前要做的决定有关键意义的问题。是否树一般运用于我们对事物及其结构有良好理解的阶段，这是一种非常好的沟通工具和分析工具，能够帮助我们更好地理解和验证所选择的解决方案是否合理。

项目树主要是针对具体的实施项目和具体实施计划的工具，旨在让具体的项目信息在一定的头脑智慧和技术规则下通过不同的拓展和组合形成多角度的信息集合，并通过树状结构将结果呈现出来，从而方便我们更好地把握具体的计划和措施。

无论哪一种逻辑树，它们的优点都在于当我们试图弄清楚问题到底在哪里时，运用逻辑树不断细分的优势可以更加有效地探究因果关系，归纳现象；对各种可能的解决方案形成假设，并根据需要验证的内容开展工作；对搜集到的资料进行细致的分析，并进行合理推论，找出问题的成因；该工具可以打破思维的框架，做到发散与收敛，破除思考的盲点；培养洞察力，抽象归纳、具体分析，看见别人看不见的答案等。

另外，逻辑树是一种非常实用的检查工具，可以寻找出各组思想的缺陷和不足。事实上，我们通常只是按照自己的思维模式去扩展和寻找与之相关的因素，这种思维一直都在按照特定的模式运行，具有结构化的特点。更明确地说，各个组的思想都产生于头脑的分析活动，当我们试图解决某个问题的时候，这些分组思想往往来源于引导我们思考和分析的某种结构。只要我们运用逻辑树，将思想和结构进行对照，如果保持一致，就可以证明它们在逻辑上是有效的，反之就是无效的。

【延伸内容】对假设后的解决方案进行验证

我们一直都在强调解决问题的流程：问题—分析—结论—解决方案。但是从最终的实施来看，确定后的解决方案是否完全适合呢？

这个疑问的关键在于我们经常将解决方案的提出作为一个最后的结果，并认为这个结果将决定整个问题能否得到解决。我遇到过很多使用金字塔思维解决问题的人，他们总是迫不及待地将分析得来的解决方案当作一个最终的结论，这当然是一个草率的决定，而很多人也正是因为这个原因发现最终的解决方案往往会成为一个解不开的死结。

造成这种结局的原因是什么？是因为我们面临的问题发生了变化（除非是特殊的、紧急的情况，否则在我们进行思考的这段时间内，这种变化基本上可以变为零）。是我们的分析出现了问题？是我们的分析方法和过程不够合理吗？是因为我们得出了一个错误的结论？问题显然不在于此。

由于我们对于问题原因的界定是建立在假设的基础上的，然后通过是否有问题来进行回答，因此这种诊断框架的运用并不能完全证明我们所寻找的解决方案或者建议性的方案就是正确的。其实所推理出来的解决方案可能在某种程度上具有一定的普遍性，就像大家在讨论如何提升生产数量时会想到多招收一些职员，但这个方法对于很多追求高科技、精细化、流程化的企业来说，往往就不适用了，毕竟我们不能要求谷歌公司或者苹果公司通过扩招职员来寻求产量的提升。

当所有的解决方案被列出来之后，我们需要对所有的方案进行验证，我们需要进行进一步的沟通和分析，明确具体的措施（怎么做）以及实施这些计划的原因（为什么做），并且还要进行论证和分析（如何知道这个方案是不是无懈可击的）。简单来说，我们必须想办法重新检验各组思想之中是否存在缺陷，解释各组思想内在的关系，然后才能明确得出一套最终的解决方案。

埃里克是斯坦福大学的高才生，不过作为一个家庭条件并不优渥的学生，他必须想办法筹集学费。由于父母每年大约只能提供3万美元，剩下的1万美元得依靠自己去攒，所以他必须去做一些零散工作。

那么该如何确保自己攒够1万美元呢？也许多数人会去想应该做点什么，最后会产生一大堆杂乱无序的想法：省吃俭用、出去刷盘子、实习、网络教学、贩卖一些小礼品、当临时导游，或者弄点小投资。但是如何去实践这些想法？这些想法又是否足够合理呢？这些问题通常会打乱我们的计划。埃里克必须确保自己不会被那些混乱的想法所左右，事实上，一旦他真的对此感到模糊，那么就可能什么事情也做不好了，所以他有必要事先对自己的各种想法进行梳理。

首先他需要确定一个目标，即攒到1万美元。当然攒钱的方式主要有两种，增加收入以及减少支出，对埃里克来说，后者显然不是一个好的方法。因此增加收入应该是攒钱的最佳方式，也是整个思路的焦点。

接下来，埃里克需要对如何增加收入做一个更加系统的分析和研究，他需要考虑的是增加主动收入和被动收入，为了确保整个攒钱计划的实施，他需要进行各种假设。主动收入包括哪些，被动收入又包含哪些，他最好能够一一列出来。

需要注意的是，逻辑树不仅仅能够寻找解决问题的方案，还可以对各组思想是否合理、是否存在缺陷进行验证。就像埃里克一样，他可以按照自己的思维列出一大堆攒钱的具体方案，但是这些解决方案是否真的全部合适呢？这就需要进行进一步的验证。依据埃里克的自身条件，那些被动收入的执行项目以及主动收入中的投资项目是不可行的，因为他根本就不具备被动收入的条件，也没有更多的钱进行投资。

他需要肯定的是：增加工作的时间、寻找单位时间内工资更高的工作、参加实习工作、参与校内勤工俭学活动、贩卖一些旧书和鲜花是可行的。作为一个学生，埃里克并没有太多更好的收入来源，因此一些切合实际的工作最适合他。那么这些项目是否完全适合他呢？埃里克是如何对整个思维过程进行梳理，同时对各组思想（选定的解决方案）进行分析和验证的呢？

计划	假设	依据	分析	信息来源
增加工作时间	多找几份兼职	很多同学兼职数份工作	参加学生会与社团，了解更多的情况	咨询同学
工资更高	找一份日薪超过100美元的工作	同学中有人找到日薪超过120美元的工作	在网络招聘信息中进行验证	网络调查
实习	月薪超过1800美元	学校的实习生在一些公司能够获得超过2000美元的工资	向同学打听或者上网搜索	各大网站以及校友
勤工俭学	收入500美元左右	很多勤工俭学的学生拿到了550美元的薪水	学校贴出的告示；向学生打听	学校；学生
贩卖旧书和鲜花	收入大约为300美元	很多卖绝版书的人收入不菲	整理自己的旧书籍；网上购买一些旧书	自己的库存；网络

这个框架中实际上就给出了具体的验证过程和方法，而验证的过程实际上和之前提到的信息搜集有关。可以说我们在解决问题时，不要急着先寻找资料，而是要对问题进行基本的分析，并得出一些可能

的解决方案，然后针对这些方案进行资料的搜集。这种搜集过程就是一个验证的过程，它可以明确我们的假设是否合理。而通过验证之后，我们需要对适合自己的解决方案制订具体的行动计划，这样我们就可以成功运用金字塔思维来解决问题。

实用篇

管理学中的金字塔思维

第七章：沟通和决策决定了管理的效果

更加合理地下达命令

在管理中，有一项工作几乎是最常见也最重要的，那就是下达命令。有趣的是，在很长一段时间里，我们一直狭隘地将命令当成是管理，即便在“管理”这个名词出现之前，我们也一直以命令的形式来掌管和支配权责范围内的人和事。正因为如此，下达命令几乎是每一个管理者早就掌握的技能，或者说管理者天生就是命令的下达者。

下达命令是连接企业计划与具体执行的一个重要步骤，也就是说企业高层制订的各种策略和计划，往往需要通过各个层级以下达命令的方式传递给基层的执行者，可以说下达命令的质量直接决定了这些计划和任务能否被顺利执行下去。

需要注意的是，命令的下达往往是为了要求或者通知某人做某事，这种做法带有一定的强迫性，所以管理者潜在的措辞并不是“你要好好想想这件事”，而是直接告诉他们某个问题的存在，并且要求他们按照特定的要求去解决这些问题。

比如在公司的例行会议上，主管或者经理会召集所有的员工，通知他们公司将在一个月内在纽约推进一个新的投资项目，那么对于员工而言，他们的疑惑在于“该如何实施这个新项目”。所以主管或者经理需要对推行新项目的一些准备工作进行交代，其中包括相应的步骤和事项：

- 做好市场调研工作，了解市场需求
- 做好风险评估，提交报告
- 各部门都要制订具体的计划
- 相关部门做好技术和资源准备

这些步骤实际上是管理者需要明确做出的指示，他们需要告诉下属该怎样去做，并且要尽量保证传递信息的过程中信息的明确性和条理性，而不是直接胡乱地发表一通讲话，告诉别人应该做这做那。管理者需要明确的是，下达命令并非只是一个单纯的维持权威的过程，而是一种沟通的方式，因此整个下达命令的过程中，必须运用最合理的形式和说辞，必须整理出一个合理的框架——明确地告诉员工要做什么，以及有步骤地去做。这些可以让整个命令的可执行性得到提升。

为了确保销售额，公司决定在市场部进行整改，总经理莫罗在周一早上的例行会议上给下属布置了一些任务：“我希望市场部尽快制定一份详细的市场调查报告交给我，最好在周六之前完成。约翰，我需要你帮我整理出一份去年的财务报告，然后下午的时候放在我的办公桌上。对了，明天下午4点钟之前，你需要送我去机场。嗯，财务报告只需要一份简报即可，市场调查报告必须用Word文档打印出来，并且要标注相应的数据和图表。市场部这两天必须召开内部会议，商讨整改的方向和方法，确定整改的目标。最后，所有的市场部人员本月减少一天假期，公司将假期转移到下一个月。从现在开始，市场部每一个人都要参与到整改行动当中来，然后记住给我提交一份调查报告。”

这段话听上去总是怪怪的，首先这段话中夹杂了一些与话题无关的信息，比如“明天下午4点钟之前去机场”；其次这段话中并没有采取一个结论先行的模式，当莫罗一开始就提出各种要求（提交报告、市场部召开内部会议、减少休假）的时候，执行者通常并不清楚他到底想要做什么，如果将“从现在开始，每一个人都要参与到整改行动当中来”作为开头，或者直接告诉执行者公司准备对市场部进行整改，那么无疑会更清楚地在命令中传递相关的信息；最后，这段话整体上显得有些混乱，而且存在内容重复的现象，例如“提交市场调查报告”就被提及两次。

如果莫罗能够更加缜密地思考这些问题，并缜密地组织自己的语言，那么整段话将不会变得令人感到复杂拖沓。或者说如果他可以尝试着用金字塔思维来发布命令，那么他的话显然还会变得更加简单，也更有条理性。其实，在整段话中，大致的命令分为三种：提交市场调查报告、召开市场部会议、减少休假。只要用金字塔思维列出这三个要点，然后具体描述一下相应的情况就可以了。这样一来，整体的结构将会更加明确清晰。

此外，有一点需要重点强调，通常情况下，倾听者无论是否认同这些措施，管理者都必须发出指令。在这种情况下，有关命令的表达和一般的商议性沟通不同，也就是说，管理者是不用花费时间和精力专门来解释这些命令的，或者说他们在下达命令的时候，所有的内容都是具体指向“该怎么做”的，而没有必要也没有太多时间去告诉执行者执行这项任务的原因。就像军队里所做的一样，任何指令的内容都是针对具体的步骤和措施的，尽管在决策之前，高层需要进行讨论，需要对相关的决议设定各种理由，可是一旦准备给执行者下达命令，最重要的内容就是“做”。

比如西点军校的教官经常在训练中给学员们下达这样的指令：

- 围着操场跑上两圈
- 用一个小时的时间走出森林
- 把所有的圆木运到山上

…………

所有这些指令都简单严肃，教官根本没有打算对学员解释为什么要这么做，或者告诉他们这么做究竟有什么用，他们唯一列出的就是所要完成的任务。显而易见的是，发号施令是管理者必须要去做的事情，在必要的时候，管理者只需要在口头交代或者文件通知中明确告知对方该怎么做。而管理者此时可以按照金字塔思维来进行思考和表达，将所有的信息以任务的形式排列妥当，所以这种形式的金字塔结构，主要由具体的实施方案和执行步骤构成。

实际上，运用金字塔思维来下达命令是提升管理水平的一种方式，也是管理者需要重点掌握的一项思考技能。问题的关键并不在于要求他必须下达命令（这几乎是任何一个管理者都必须去做的事情），而在于他必须规范命令的格式和内容，并将这些命令变成具体可执行的任务，从而让执行者更好地理解和执行。

寻求支持时的必要沟通

2009年，多科公司的新总裁麦克·罗拉正式上任，事实上他的父亲此前也在多科公司担任总裁一职，只不过老麦克最终被股东大会罢免了职务，原因是他坚持投资一项高达5亿美元的新地产项目，这对股东们来说风险实在太大，所以固执的老麦克被炒鱿鱼也就在情理之中。

现在他的继任者小麦克同样面临一个大的问题，尽管他是一个新上任的总裁，但他还是雄心勃勃地制订了一个庞大的计划，那就是在费城打造一个平民版的“梦幻之城”，以用作中低档次的地产开发和旅游项目，公司将重点以新颖的设计和诱人的价格吸引客户。当然，这个平民住房计划将会耗费大约17亿美元——绝对的天文数字。

股东们会同意这个计划吗？他是否会重走父亲的老路呢？很显然，小麦克对此非常有信心，不过他也意识到父亲当年所犯的错误，所以这一次他必须充分了解股东们的想法，并采取适当的方式来说服他们。所以他在股东大会上说了这样一番话：

在过去的几年时间里，多科公司依靠着高端的地产投资项目，已经赢利几十亿美元，我们的业绩每年都在增加，但是相比之下，我们的发展空间正在被大幅压缩，比如今年的业绩增加幅度比去年降低了

2%，比前年降低了5%，这也就预示着在经济不景气的今天，奢华和高端的住宅已经不再成为大众的首选，我们必须及时做出改革。而眼下，费城正在推行更为廉价宽松的土地使用政策，考虑到当地的人口以及消费需求，我们有必要再扩大投资，推行梦幻之城的计划，通过更低的价格和更加时尚、新颖的设计来打动他们。自然而然，这笔投资同样很惊人，它几乎是我们过去两年时间里投资的总和。

当然，无论从个人的角度，还是出于对企业发展和利益的考量，我都希望大家能够给予更多的支持，并批准我的计划。事实上，这项计划非常值得实施，因为：

● 它将会是改变费城房地产格局乃至美国房地产开发模式的一次惊人尝试，此举将会把多科这个品牌推向高峰。

● 高端的房地产项目越来越不景气，人们更加倾向于住宅的实用性。

● 公司将会从中获得极大的收益。

● 公司将会获得费城政府更多的支持。

考虑到眼下公司面临的问题以及即将面临的挑战，我们需要做出一些改变，这种改变或许会成为公司发展的一个突破口。

事实上，老麦克当初的失败主要归结于对权力的过度依赖和对自身决定的过分自信，这两点实际上导致了他在言语上的强硬表态。而小麦克没有那么做，他更多时候采取的是一种谦卑的请示姿态，他渴望获得的是理解、支持以及批准，而不是强硬地在股东大会上扔出一份计划书。作为一个出色的企业家，他的权力和地位并不总是稳固的，他依旧受制于其他股东，并且必须时刻都谨慎应对那些以利益为先的股东。

此外，更重要的是，他掌握了一些重要的表达方式，即通过金字塔思维来进行沟通，从而确保自己的话更具条理性、逻辑性。这一点对于股东来说，或者对于任何一个倾听者来说都至关重要，考虑到对方可能会握有更多的决策权，类似的表达方式会让寻求支持的人获得更多的关注和尊重。

我们可以想象一下，当小麦克提出一个类似的计划或者想法时，股东们会产生怎样的看法，他们的第一疑问恐怕是："我应该批准这项建议吗？这个计划是否值得去实施？"小麦克必须想办法让自己的主张获得股东的支持，而在寻求支持的过程中，需要重点考虑到股东们的各种疑惑，所以他要做的不仅仅是对潜在的这些疑问提出更好的答案，而且需要对这个答案给出各种理由，这些理由将有助于说服那些潜在的支持者来批准这个计划。

在企业管理当中，沟通是一项重要的工作，由于不同的人还会有不同的想法和观点，他们在交流的过程中往往会存在各种各样的冲突和误解。所以对整个管理机构来说，最重要的并不是提出自己的观点，而是想办法让自己的观点产生说服力。实际上，有人做过调查统计，发现大约70%的好方案最终都被否决了，这是否意味着那些否决者都是头脑封闭的傻瓜或者一无所知的笨蛋？实际上并非如此，很多时候，是提出方案和计划的人自己搞砸了所有的事情，他们没有提出更好的理由来支撑自己的观点，或者没有一个系统的思维模式来阐述自己的理念，最终难以被人接受和理解。

需要注意的是，类似的事情不仅仅会出现在一些下属身上，也并不总是以自下而上的方式存在，在管理方面，即便是领导，也并不总是处于强势地位，他们同样会显得孤立无援。最近斯坦福大学给出的一份心理学报告表明，大约50%的企业家认为自己处于一种孤立的状态，他们很难找到志同道合的支持者，通常情况下，他们制订的方案都是强制推行下去的，而不是采取什么民主方针。

有关心理方面的困惑，很多管理者或许并没有找到一种更为合理的宣泄方法和解决之道，也就是说他们并不知道该如何来获得更多的理解和支持，并不清楚该如何运用正确的沟通方式来说服更多的人站在自己这一边。

实际上这类管理者在心中已经明确了自己的观点，也有自己特定的立场，但是鉴于这个方案或者观点并不成熟，或者说风险很大，而且为了保证团队内部的民主性，他们会想办法寻求更多的支持。为了避免最终的“独断专行”，他们需要改进自己的沟通方式，而运用金字塔思维可以提高他们在寻求支持时的成功率。

汇报工作的基本准则

前面我们在提到如何进行高效表达的时候，讲到了如何在短时间内做好汇报的方法，实际上并非所有的汇报工作都要求在30秒或者1分钟内完成，很多公司之所以设定时间，目的在于提升员工的汇报能力。

很多思考方法都可以帮助我们做一些简要的汇报，但对于一些内容更多也更为复杂的汇报，我们就需要一些结构性更强的思考方式来组织自己的语言，这并非意味着我们一定要将内容简化压缩在30秒内说完。真正善于汇报的人，真正运用金字塔思维来做汇报的人通常要兼顾内容的简化性、逻辑性、完整性、结构性，他必须确保自己的话可以被受众理解和接受。

在管理学当中，汇报是一个常见的工作，不过对于多数职员来说，他们常常会将工作汇报搞砸。一个不得不让人引起关注的事实是，在麦肯锡咨询公司所做的职业调查报告中，60%的人表示自己在向领导汇报的时候压力重重；其中40%的人承认自己曾将汇报工作搞砸，并被领导批评。

关于这一点，苹果公司的一些主管深有感触，至少在乔布斯时代，他们都害怕走进乔布斯的办公室。现如今负责苹果公司营销业务的安娜就说过，自己在乔布斯的办公室里做汇报时，曾经被对方斥责为“毫无头脑的表达”，乔布斯还暴力地扬言让安娜滚蛋。对于安娜来说，这是一次非常糟糕的经历，但也促使她不断提高自己的语言组织能力，改进思维方式，至少在乔布斯这样的完美主义者面前，她必须表现出足够的逻辑性和说服力。

但并非所有人都像安娜一样，能够意识到问题所在，他们通常会将汇报中的压力和阻碍归结到领导身上：“他们过于苛刻和严厉”“他们总是让人感到不舒服”“我不太清楚为什么他总是针对我”。这是典型的沟通问题，进一步来说则是沟通方式的问题，也许很多时候我们应该想一想，是不是自己并没有完整地表达出想要表达的意思，是不是领导还没有从汇报中获得更为清晰、更有价值的信息。

杰瑞·沃顿在《思考与表达》中提到了一个重要的观点，那就是“让自己的话语自成体系”，这个体系的形成实际上就是一种结构化思维下的语言框架。杰瑞·沃顿认为：“在商业性的思考活动和表达中，任何一次积极合理的思考都必须确保能够打造一个强大的思维体系，目的不是让事情变得更加复杂，而恰恰是为了简化我们对事物的认知。因此在很多时候，我们需要重新规范自己的思维和语言，向别人展示所有相互关联的重要内容，并就此判断它是否足够成熟和理性，而评判成熟的一个重要标准就是别人是否能够清晰地理解这一整套框架。”

从这一方面来说，《思考与表达》中的思考方式与金字塔思维有异曲同工之妙，只不过金字塔思维的结构是固定的，我们讨论的不是矩阵结构，也不是其他复杂的图形结构，我们坚持的是对某一个观点的层层分解和扩展，所以我们在汇报的过程中，所要做的就是提出一个基本观点，然后列出各种分解的论点，接着又对这些分解的论点进行分解，在层层扩散之后，整个汇报的内容就会变得更加丰富。简化来说，汇报工作时需要注意以下几点：

- 观点明确
- 论点丰富
- 层次分明

观点明确的目的是让整个报告的针对性更强，因此汇报者在开口汇报的时候，应该在最短时间内说出汇报的核心观点，告诉领导这究竟是怎么一回事，告诉领导所面临的问题或者解决的问题是什么。

紧接着，汇报者要发散自己的思维和内容，尽可能地将所有观点下的描述性内容和论点说出来，即这些事情具体表现在哪些方面，这个问题具体的解决方法是什么，我们该如何去做这些事情。事实上，这些论点才是构成整个金字塔核心的主要内容，它们让整个金字塔结构变得更加丰满、更加完整，也让核心观点变得更具说服力。

在分解的过程中，自然会展示出不同的层次，这些层次决定了金字塔结构的框架，而在划分层次的时候，一定要理清楚每一个思想内容与其他思想的关系，并直接划分思想组。这个思想组的划分能够让内部的逻辑更强，也让整个结构更加突出。

有关这些要求和准则，我们可以针对一些常见的汇报问题进行分析，比如查尔斯在向总裁做市场部相关问题的简单汇报时，是这样开始自己的谈话的：

在过去两周的调查工作中，我们发现市场营销工作的总体趋势是好的，罗本先生交给我的一些数据资料也表明公司的营销工作做得不错，不过一些细节问题并没有落实到位，我们的员工有时候甚至都不记得给货物的包装贴上清晰的标记。他们中的一部分人工作热情不高，还经常在工作期间聊天。此外，公司缺乏成品或半成品统计报表，工作人员权责不明、相互推诿。这些问题是诸多问题的一小部分，将来可能会给公司带来重大损失。

这个汇报非常简单，但实际上说得过于生硬，而且一个重要的问题是没有将问题说完，既然这些问题只是诸多问题中的一小部分，那么在进行汇报的时候就必须想办法完整地描述那些重要问题。比如，提及员工不遵守纪律的问题，分工配合不默契的现象，市场部人才流失的问题。这种遗漏对于公司来说可能是致命的，领导自然会觉得这种汇报不可接受。

除了问题的描述不完整之外，整段话的层次划分也有些混乱，比如在查尔斯提到的所有问题中，并不都是细节问题，没有贴标记，没有统计报表，这些的确是细节上的失误，但归根结底还是监管不到位。但权责不明属于体制和流程问题，工作热情不高属于人员管理问题，其他一些后续的问题其实也有自己的属性，因此并不能完全归结在细节问题上。

如果重新对报告进行整理，那么首先就可以运用金字塔思维整理出一个大致的框架：

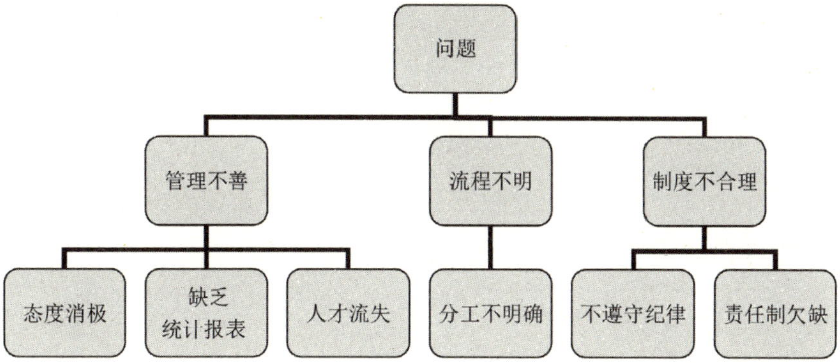

通过对这个金字塔思维结构进行分析，就可以更好地组织汇报的语言，然后在汇报中就能完整地呈现出这个金字塔结构，从而方便领导的理解。

事实上，做工作汇报的主要任务在于将所有重要的内容总结在一起，并告知给领导，因此保持内容的完整性非常重要，也就是金字塔思维中的不遗漏原则。不过，汇报行为并不是简单的思维罗列，汇报者不能简单地将所有的思想观点堆积在一起，然后进行陈述。保持必要的逻辑性和结构性是高效表达的关键，也是促进领导理解和接受的关键。

有意思的是，多数学习和运用金字塔思维的人，一开始都是为了让自己在和领导说话的时候更有条理性、逻辑性和结构性。而这种需求实际上让金字塔思维在整个汇报中变得更加重要。

不同方案的比较与选择

企业管理者在做决策的时候，通常都有多套方案用于参考，多套方案的出现降低了单一方案的风险性，使得管理者在做决策的时候拥有更多的选择。正因为如此，在准备执行某项计划之前，管理者会要求各部门尽可能提供各种合适的方案加以选择，在公司内部会议上，这些方案会以相互竞争的形式出现。

现如今，人们越来越重视多项选择，这几乎成为各大公司的一个决策机制。比如在宝马公司，每一项研发都需要提供至少五种设计方案，高层会对每一种方案进行分析，然后拿出来对比，最终选择最优的那个方案。沃尔玛公司规定每个部门必须提交三种不同的方案，如果有部门未能完成任务，那么整个部门将会被扣除当月的部分奖金。

即便是早年的西门子公司，管理者也要求每一次会议上必须有人提出不同的建议。一些欧洲公司后来根据这个规定，提出了更为怪异的议事规则，那就是在11人的会议中，至少有1一个人必须提出反对意见或者不同的方案，哪怕有10个人都坚持某个主张，另外1个人也必须给出不同的看法，目的就是为了确保决策的民主性、开放性、多元性，从而做出最保险、最合适的决策。

正因为多元化决策方案的实施，所以管理者增加了一项任务，那就是对不同的方案和想法进行思考，以确定哪一种方案才是最合适的。对于管理者来说，如何做出最合理的决策直接关系到整个企业或者团队的利益，因此他们必须慎之又慎，运用最好的方法来思考和分析问题。而金字塔思维在这一方面往往可以起到很大的作用，这就是金字塔思维在管理中常见的一种基本形式：比较选择式。

这种方式的重点在于对潜在的或者已经存在的不同方案进行选择，或者说想要直接选择一种更好的方案来替代现有的方案，所以思考者所面临的问题是：该如何做出最合理的选择，该如何让自己的思考方式变得更加科学合理。

通常情况下，管理者会对不同的方案进行分析，然后将相关的数据拿出来进行比对，最后选择一种更好的方案。看上去这个过程很简单，但是在思考和分析的过程中，管理者必须保持客观的、严谨的态度，而且还需要注重各要素之间的逻辑性，所以这种比对需要变得更有结构性才行。除此之外，管理者在做出选择的同时，不仅仅是抱着对企业利益负责的原则，他们必须给高层、给股东、给员工一个合理的说法，说明为什么这个方案要比另一个方案更加合理，列出“比它更好”的理由，这才是比较选择式金字塔思维的思想内容。

比如丰田公司在墨西哥开拓了新的市场，并且准备在那里建立工厂，不过新选举的美国总统特朗普已经隔空喊话，要求丰田公司不得在墨西哥建立工厂，而应该将工厂建立在美国境内，否则将会对其征收35%的税收。特朗普此举的目的是刺激国内的制造业，并且在国内创造数以万计的就业机会。对于丰田公司而言，这是一个很艰难的选择，管理者必须衡量在美国建厂所要承受的其他负担，以及在墨西哥建厂所要接受的关税惩罚。

我们可以将“美国建厂”称为X方案，将“墨西哥建厂”称为Y方案。这两个方案是丰田公司必须认真考量的，但是经过认真比对分析，丰田公司实际上可以得出一个最佳的答案：X方案所要承担的风险更小。

接下来，管理层必须给出一个合理的解释，即他们选择听从特朗普的警告留在美国建厂的理由。

政治方面：赢得美国新政府的好感，其潜在的好处就是获得更多政策性的支持，降低市场扩张的阻力。

经济方面：美国市场更加重要，市场更广阔；基础好，生存优势更大；关税更低。

社会方面：美国开放的社会更加适合竞争；投资环境更加安全。

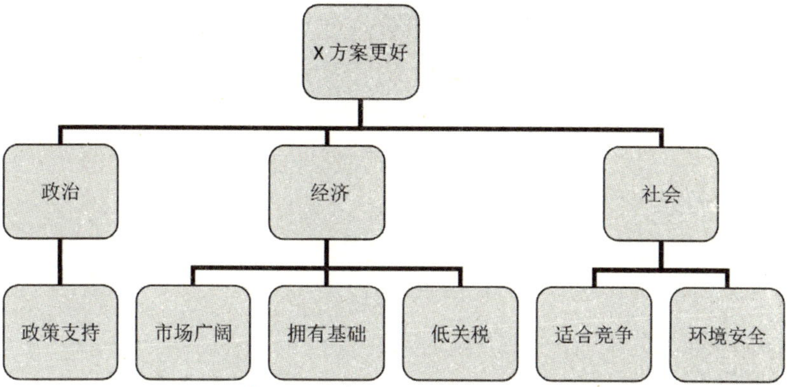

与丰田公司相对应的是宝马公司，这家公司已经明确表示不会轻易屈从于特朗普总统的政令。对他们而言，特朗普的政令虽然威胁很大，但是如果从降低成本、全球市场的布局以及未来的发展来看，宝马公司在墨西哥建厂都是一个重要的举措，将有助于宝马公司继续扩大自己的影响力和生存优势。所以宝马公司同样提出了Y方案比X方案更好的理由，并按照金字塔结构来增强决策的说服力。

无论丰田公司还是宝马公司，实际上都是从企业发展的角度和利益出发，根据利益来选择最适合自己的道路与方案，而一旦整个金字塔结构建起来之后，这种比较下的优势就变得更加明了和完整，企业在做决策的时候也就变得更加合理，并且具备更强的说服力。

鉴于企业中经常会出现各种不同的方案或者观点，管理者要做的就是做出最好的选择和决策，并且要确保这些决策能够被更多的人接受。正因为如此，对不同方案的比较和选择是金字塔思维在管理中比较常见的一种方式，它也成为管理者增强民主决策的重要思考工具。

第八章：运用金字塔思维进行项目管理

时间管理的法则

在进行目标管理的时候，我们通常会遇到一个问题，那就是在实现目标的过程中通常会面临多个任务，但是这些任务通常有先后顺序，又有主次之分，在执行的过程中如果忽略这一点，就可能会影响到实现目标的进度。

为了解决这个难题，我们通常可以运用时间管理的方法。时间管理就是用技巧、技术和工具帮助人们完成工作，实现目标。需要明确的一个重点是，时间管理并不是要把所有事情做完，而是一种更有效地运用时间的管理方法。通常情况下，时间管理让我们更好地认清工作任务的一些基本执行技巧，我们将会明确自己该做些什么事情，以及什么事先做什么事可以后做，还有一些不必要去做的事情也必须整理出来。

管理学家库克认为，“时间管理不是完全的掌控，而是降低变动性”。时间管理最重要的功能是通过事先的规划，作为一种提醒与指引，以确保我们能够顺利完成工作目标。前面我们提到了30秒内将事情说清楚的电梯理论，这个30秒电梯理论实际上也是时间管理的一种直接案例：我们必须在30秒内将所有的事情说清楚吗？并不是那样，很多时候，对于一些内容很多且很复杂的信息来说，根本难以做到在30秒内说清楚。事实上，30秒电梯理论所秉持的就是先说重点的原则，所有传达信息的人在开口之前就需要对所有的话进行分析和整理，挑选出最重要的几点来说。

换句话说，我们必须尝试着划分主次，并且选择性地暂时忽略某些不太重要的事情，尽管这种方式看上去有些缺乏耐性，但是相当必要，因为我们必须确保那些对自己更有利且更加重要的事情率先得到执行，必须确保一些重要的目标和任务优先完成。就像我们在办公室里经常所做的那样，一旦我们因为那些即将提交的报告而忙得焦头烂额，可以允许自己暂时忽略一些应该去做的事情，比如晚一点去做打扫、付账单、回复邮件。这种延迟甚至忽略并不会让我们现有的生活和工作崩塌。而这样做的报酬是——我们能够顺利完成那些真正重要的事情。

那么在具体的执行过程中，该怎么去做呢？我们该如何在繁复的工作任务中，做出准确的界定和安排呢？针对这种情况，在进行时间安排和规划的时候，完全可以运用金字塔思维来解决问题。比如我们可以将所有的任务分为主要任务、次要任务、无关紧要的任务，因此整个金字塔结构是：

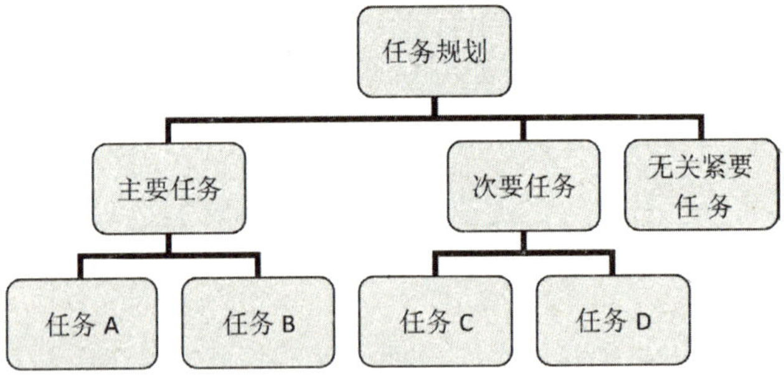

有一点很重要，在区分主要任务、次要任务、无关紧要任务的时候，需要意识到在不同类型的任务组中，同样存在着重要和次要之分。简单来说，有的工作任务是重中之重，有的在主要任务中可以适当靠后。有的任务在次要任务中需要先完成，有的则需要安排在后面来完成。这里涉及逻辑上的顺序、时间上的顺序以及难易程度的划分。

一旦我们将所有的任务或者目标列出来之后，并且按照先后顺序进行排列，所有的工作就会进入一个正确的有序的轨道上来进行。当然，为了确保自己能够将每一项重要工作（自己需要完成的工作）顺利完成，我们可以运用金字塔思维来进行任务切割和分解，这种分解实际上也是一种时间周期上的分解。比如一家公司在新年开始的时候制定了一年营业收入达到2000万美元的目标，那么为了确保目标更具可实施性，为了让相关的工作更具针对性，可以对这个总目标进行分解：第一季度完成300万美元的营业额，第二季度完成400万美元的营业额，第三季度完成500万美元的营业额，第四季度完成800万美元的营业额。接下来，公司还可以进一步进行划分，将每一个季度的营业收入目标分解成每一个月的目标，确定每一个月该完成多少销量。

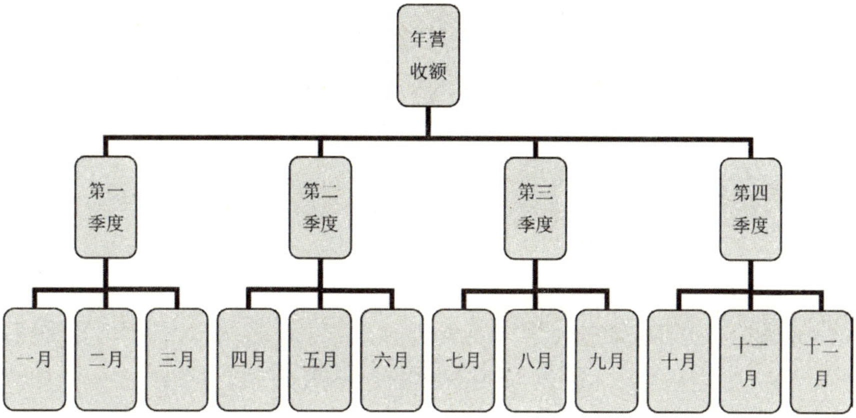

事实上，每一个月又可以划分为每一星期的目标。对于职员来说，每一星期的目标可以分解到每一天的工作目标上。而无论如何划分，其目的都是将时间的安排更加细化，更加合理化，因为笼统地说在一年内完成多少销售额，对员工来说不过是一个数据显示，他们在工作当中很难对时间做出具体的安排。而如果经过层层分解，他们就更容易控制好每一个具体的工作时间安排，毕竟一个星期乃至于一天的工作时间规划要比一个月、一个季度、一整年来得更加容易，也更加科学。

不过，时间管理是一个大概念，除了对目标进行优先顺序的排列之外，如何合理地分配时间也是管理当中需要重点关注的问题。比如我们每天都会做各种各样的事情，为了保证时间的合理利用，我们有必要做好时间记录，即将自己所做的每一件事情所花费的时间记录下来，这样一天下来，我们就可以对这个时间表进行分析，了解自己在哪些方面浪费了时间，在哪些事情上效率很低。然后管理者可以运用金字塔思维建立起相应的时间管理模式，将最合理的时间安排方式列出来，并进行解释。

所有时间管理的方法其实都有一个共性，那就是有必要对时间进行分解，而这种时间上的分解完全可以借助金字塔思维来完成，从而给时间规划者制定一个更加清晰的工作时间安排表。

如何控制好项目的成本

几乎任何一个项目的管理工作都会涉及一个最基本的概念：成本。但是在很多时候，管理者偏偏会忽略对成本的关注，对他们来说，项目的计划是否合理，方案是否完善，是否能够带来更多的收入，是否能够占领更大的市场，这些才是最重要的。但实际上任何一个项目的实施都是需要资金来支撑的，都需要耗费一定的成本，而对于成本不加控制的话，可能会让整个项目的实施陷入困境。

我们可以清楚地从一些企业的负面案例上找到更多的答案，比如说20世纪80年代后期的铱星公司，这家企业曾经拥有最先进的技术，发展潜力惊人，但问题在于所有的高层都陷入一种狂热的投资和新技术开发状态之中，他们盲目追求一些“足以改变世界”的大项目。

1987年，铱星公司提出了一个近于梦幻的伟大计划：用66颗低轨卫星组成覆盖全球的通信网。他们觉得可以利用这些卫星所带来的便利统治当时的通信业。这个想法的确很疯狂，而更加疯狂的是，整个公司竟然没有人站出来提出一些否定意见，至少每个人都被这个项目的巨大光环吸引住了，以至于没人愿意认真思考和分析这样的计划是否可行，更没有预料到这样做所需花费的巨额成本以及自己能否承担所要面临的后果，或者说他们可能仅仅是将成本单纯地归结为弄几颗商业卫星。

由于对成本控制和成本管理的认识不足，铱星公司盲目开启了这项计划，并且很快就通过贷款筹集了50亿美元的巨额资金投入这个项目当中。但是在运营之后，公司才发现想要维持66颗卫星的日常运转需要耗费大量的人力、物力、财力，这些让公司的财政压力越来越大，而与此同时，由于公司收益不高，整个计划很快陷入瘫痪，最终整个项目只能被迫放弃。不仅如此，高昂的成本也彻底拖垮了铱星公司，这家潜力无穷的企业最终因为在成本管理上的失误而宣布破产。

与铱星公司一样，今天仍旧有很多公司对成本管理很不重视，或者说对于成本控制认识存在很大的失误。我在参加“安大略湖年度商业论坛”的时候，和一些地方上的企业家讨论了经营管理问题，很多企业家重点关注的都是战略目标，都是经营手段，都是一些潜在的商机，却很少有人愿意谈一谈成本上的问题，他们甚至都搞不清楚自己的企业到底包含了哪些成本。

鉴于成本的重要性，管理者有必要进行合理的成本管理，或者将成本管理纳入整个管理体系当中去。那么成本管理究竟是怎样的呢？它又包含哪些方面？企业该如何进行成本管理？

实际上成本管理是为了保证完成项目的实际成本、费用不超过预算成本、费用的管理过程，它包括资源的配置，成本、费用的预算以及费用的控制等各项工作。或者也可以说，成本管理是指企业生产经营过程中各项成本核算、成本分析、成本决策和成本控制等一系列科学管理行为的总称。针对这种情况，我们可以用金字塔思维来进行罗列：

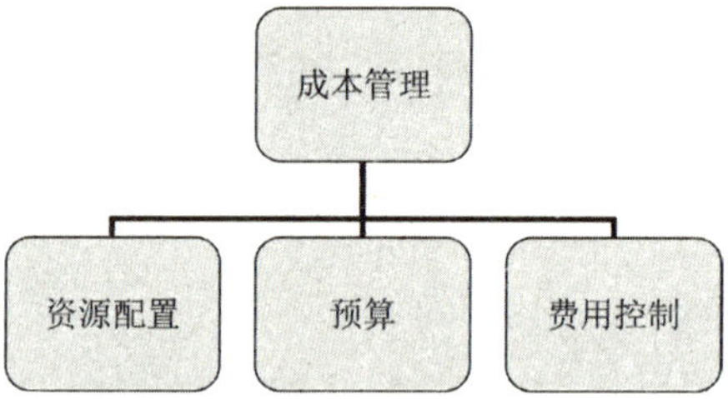

这个金字塔比较简单直观地体现出了成本管理工作的大概框架，当然为了细化成本管理，我们可以针对资源配置、预算和费用控制等方面继续分解，分别列出内部各自的工作。比如资源配置就包括人力资源控制、机器设备的购买、厂房的选择等工作；预算包括对人力资源的估算、对折旧率和损耗率的估算、对物流成本的估算、对品牌成本的估算等工作；费用控制则包括事前控制、事中控制、事后控制，或者说对各个环节、各个开支项目进行成本控制，比如控制物流成本、控制人力成本、控制相关设备成本的具体方法。

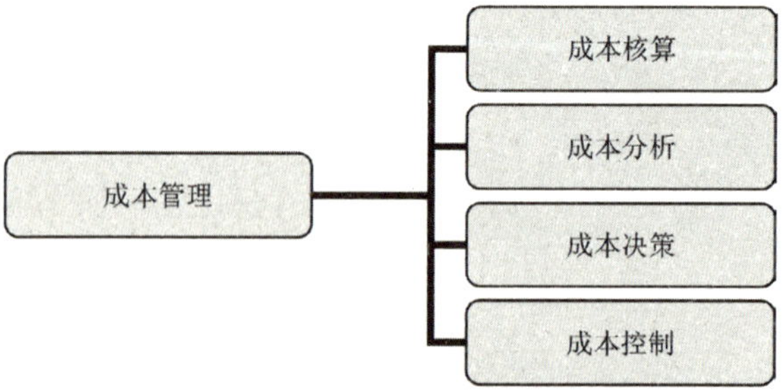

需要注意的是，这两个金字塔结构图中所体现的都是一种流程结构图，只不过在各个思想观点中，我们可以进行分解，从而分解出各个具体的工作项目。

在很多时候，一些管理者也可以运用从整体到部分的划分方法来进行成本管理，比如他们可以将企业的成本管理当作一个统一的管理工作，紧接着将这个统一的管理工作细分到各个部门，以及要求各个部门进行成本管理，然后各部门则会出台各种相应的管理方法。

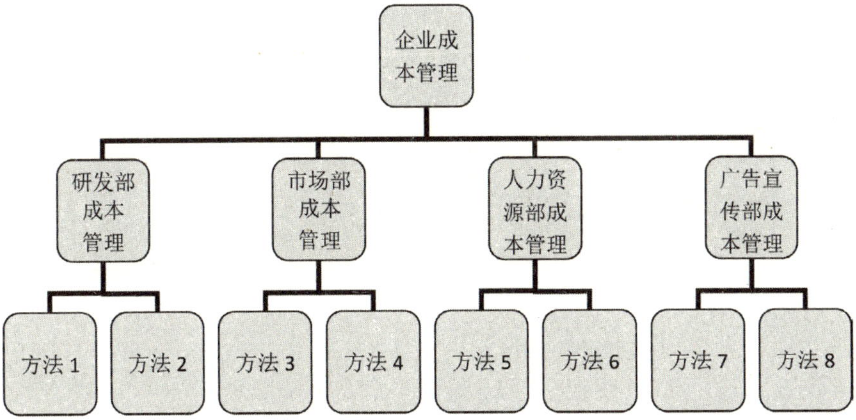

其实，无论是哪一种形式，企业都需要将成本管理当成一项重要的工作，而在管理的过程中，需要将成本管理进行分解，将其转化成具体的各种可实施的控制行为或者方法。也只有通过层层罗列和分解，管理者才能够更好地意识到整个企业中的成本消耗集中在哪些方面，又需要从哪一个方面做出相应的管理措施。很显然，运用金字塔思维，管理者可以完整地推进自己的管理活动，让每一项成本都得到控制。

不可不明的项目范围管理

对于管理者来说，必须对项目的范围进行界定，而不是漫无目的地对某个项目进行开发或者投资。项目范围主要是指为了成功实现项目目标，所必须完成的、全部且最少的工作。“全部”指的是避免项目范围萎缩，“最少的”指的是避免项目范围的蔓延。

为了确保项目更加合理且更具可实施性，管理者必须做好范围的界定、范围的规划、范围的调整等工作，而这些就是项目范围管理的内容。因此，作为一种功能管理，项目范围管理实际上是对项目所要完成的工作范围进行管理和控制的过程和活动，包括确保项目能够按要求的范围完成所涉及的所有过程。其作用是为项目实施提供工作范围的框架，确定进度测量和控制的基准，并清晰地做好任务分派。

从这一方面来说，运用金字塔思维可以更好地规划项目范围，并进行合理的管理。有关项目范围管理的讨论，我们可以以法拉利跑车的设计作例子，并事先运用金字塔思维制作一张金字塔结构图。

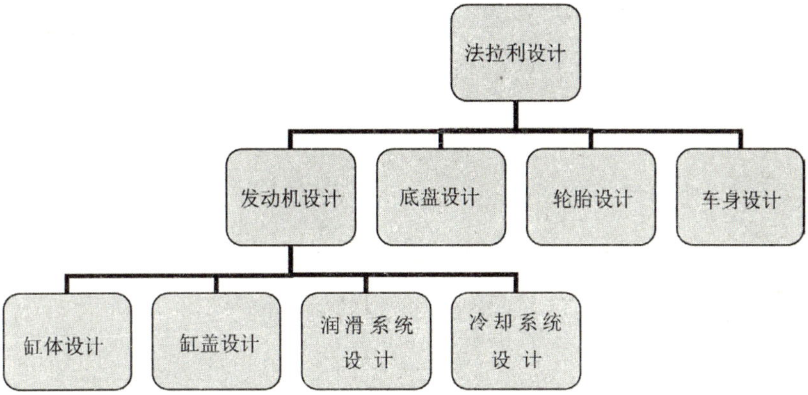

这个法拉利跑车设计的金字塔结构图，实际上就是对法拉利跑车设计这个项目进行界定和规划。事实上，法拉利跑车设计是一个大项目，它可以划分为“发动机设计”“底盘设计”“轮胎设计”“车身设计”等几个部分。但实际上每一个部分又可以作为单独一个项目存在，比如发动机设计就可以分成“缸体设计”“缸盖设计”“润滑系统设计”“冷却系统设计”几个部分。即便是再往下划分，也可以成立不同的项目，就像冷却系统设计一样，可以进一步划分为“冷却材料”“外形设计”等几个部分，而“冷却材料”的设计实际上又需要各种工具，比如计算机、尺子、画笔等。

通过层层分解，我们可以更清晰地理解整个框架中的项目内容：“法拉利设计”是大项目；“发动机设计”“底盘设计”之类的就是子项目；“缸体设计”“冷却系统”设计之类的项目可以称为任务；“材料”和“外形设计”是整个大项目分支下的活动；而“计算机”“画笔”“尺子”等工具就是典型的工具包。

需要注意的是，在对法拉利跑车设计进行立项的时候，一定要明确每一个分支项目的研究和设计，这就是企业的分工。接下来，各个部门一定要做好内部工作，在部门内进行立项，从而将整个项目顺利分解到各个部门之中，接下来各部门会层层进行划分和分解。不过在如今全球化的合作模式下，单一的厂家根本不需要建立起完整的生产线，因此一些子项目或者任务可以进行外包，即将业务让给其他公司来做，法拉利汽车的很多部件就来自其他一些公司和厂家。

因此企业需要了解自己擅长什么，了解企业在整个产业链中所处的位置，即自己适合做什么。如果在发动机设计中占据优势，那么就可以将项目范围框定在发动机设计的范畴之内，而不用考虑其他项目的设计。如果企业在整个产业链中是设计车身的，那么就要将范围缩小到车身设计的范畴内。

对于管理者来说，这种项目范围的划分和明确往往能够决定企业发展的方向，能够减少内部不必要的消耗，能够加强内部的分工合作以及流程管理，因此需要重点进行把握。经过分析，管理者在运用金字塔思维进行项目范围管理的时候，需要在进行项目分解的过程中把握以下几个步骤：了解自己要做些什么，即所要实施的项目；实施项目时要做些什么，即具体的小项目或者任务；想要完成任务具体应该做什么，怎样才能完成；弄清楚这样的分解是否有什么遗漏。按照这个步骤，整个分层会变得更为完整，管理者在项目范围管理的活动中也变得更加高效合理。

其他项目管理的结构性思考

前面我们提到了多种项目管理的形式，但项目管理实际上是一个大的概念，它主要是指项目的管理者在有限的资源约束下，运用系统的观点、方法和理论，对项目涉及的全部工作进行有效管理。在韦伯博士的《项目管理》一书中，他提到了多个项目管理的范畴，除了时间管理、成本管理、项目范围管理之外，还包括项目质量管理、人力资源管理、项目沟通管理、项目风险管理、项目采购管理、项目集成管理。

而在进行项目管理的时候，同样可以运用金字塔思维来进行分析。

——项目质量管理

对于管理者来说，如何确保项目质量是一个重要的课题。简单来说，项目质量管理是为了确保项目达到客户所规定的质量要求所实施的一系列管理过程。事实上，项目质量管理起源于20世纪后半期，作为项目管理与质量管理的交叉学科，项目质量管理堪称项目管理的灵魂。

管理者必须明确的一点是，项目活动本身是一种特殊的物质生产过程，项目活动的生产组织具有特定的流动性、综合性、劳动密集性及协作关系的复杂性，这就导致了项目质量容易出现问题。为了确保项目按照设计者规定的要求满意地完成，项目质量管理势在必行。但真正的问题在于很多管理者不理解项目质量管理的具体实施过程，或者容易出现各种遗漏。

运用金字塔思维可以完善我们的管理方法，确保所有的质量管理环节都执行到位。比如项目质量管理主要是依赖于质量计划、质量控制、质量保证所形成的质量保证系统来实现的，因此我们可以将项目质量管理分为“质量规划”“质量控制”“质量保证”这三个方面来进行分析和管理，接下来再对这三个方面的活动分别进行分解，使得管理方法变得更加具体可行，且丰富完整。

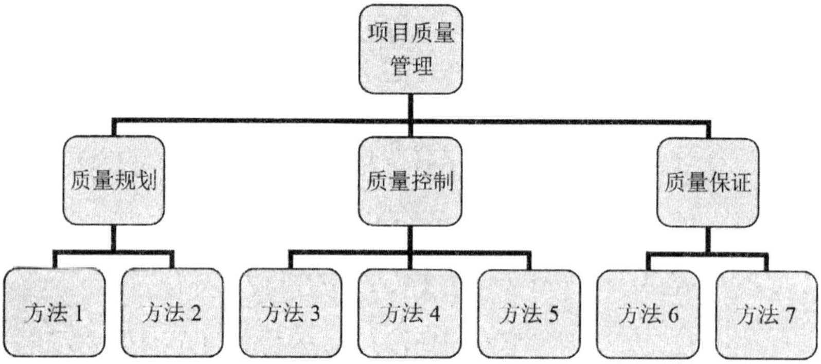

——人力资源管理

在项目执行和管理的过程中，人是最重要的因素，无论是哪一种项目，对于人力资源的使用都是不可或缺的，但是人作为整个管理中最活跃的因子，存在的变数也最大。对于一个项目的管理最重要的还是要注重人的管理，只要把人力资源的价值发挥出来，那么项目的管理工作就会变得更加轻松，所有的项目也就能够得到更好的实施。一旦人员管理不到位，那么人的创造性和工作状态就会受到影响，最终也会阻碍项目管理工作的推进。

正因为如此，所以企业在实施项目管理的过程中，必须把握好人力资源管理工作。而人力资源管理可以归结为：为了保证所有项目关系人的能力和积极性都得到最有效的发挥和利用所做的一系列管理措施。它包括组织的规划、团队的建设、人员的选聘和项目的班子建设等一系列工作。

管理者在进行人力资源管理时，可以先运用金字塔思维来进行分析，确定最基本的管理框架与结构，接下来才能更好地实施和执行下去。

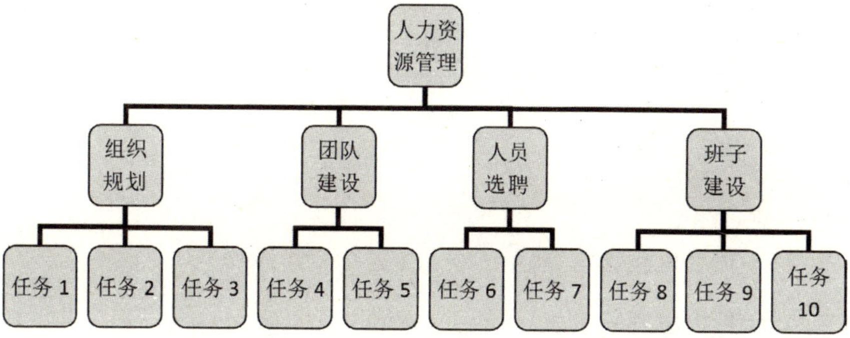

——项目沟通管理

为了确保整个项目实施的顺利推进，管理者必须善于协调各个部门和各个机构之间的行动，必须保证方向、目标和方法上的统一，而这一切都建立在整个团队内部的沟通基础上。良好的、顺畅的沟通有助于整个项目的实施和执行。不过团队内部进行沟通并不是简单的聊天或者汇报，它必须拥有一整套完整的沟通机制，所以通常情况下，项目管理活动中都需要纳入一个新的管理：项目沟通管理。

所谓项目沟通管理，就是为了实现项目目标，科学地、合理地组织和管理所有项目工作中的沟通交流，目的是确保项目信息的合理搜集和传输，以提升工作的效率。它包括沟通规划、信息输出和进度报告等。而沟通规划、信息输出以及进度报告又可以划分为更加具体的执行方案或者执行方法。

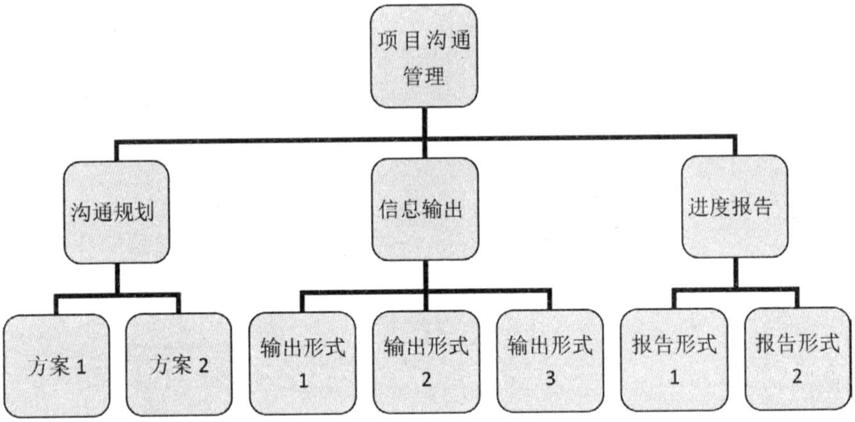

——项目风险管理

对于任何管理者来说，没有一个项目是十拿九稳的，项目投资和建设具有一定的潜在风险，这几乎是不可避免的，因此他们真正应该做的是对那些项目可能遇到的各种不确定因素进行辨析和管控，尽量将风险降低到可控制的范围之内，或者尽量制定相应的应急措施和风险控制方法。

项目风险管理就是对项目风险从识别到分析乃至采取应对措施等一系列过程，它包括将积极因素所产生的影响最大化和使消极因素产生的影响最小化两方面内容。一般情况下，项目风险管理主要包括风险识别、风险量化、风险对策和风险控制等。

运用金字塔思维进行分析的话，我们可以进行更为具体的分解：

比如风险识别按照类型来划分，可以分为识别内在风险（项目工作组能加以控制和影响的风险）及外在风险（超出项目工作组等掌控力和影响力之外的风险）。其中内在风险可以进一步分解为人事任免和成本估计等内容，外在风险可以分解为市场转向和政府行为等内容。

按照风险识别的工具和方法划分，可以分解为核对表、流量表、面谈这三种方式。

同理，其他项目风险管理的步骤和内容也可以进行深层次分解。

风险量化从工具和方法的角度可以划分为：期望资金额、统计数加总、模拟法、决策树。

风险对策从工具和方法的角度可以划分为：采购、预防性计划、替代策略、投保。

风险控制从工具和方法的角度可以划分为：工作区、附加风险策略研究。

一旦制成金字塔结构图，那么所有重要的分支都会纳入到管理的范畴，从而提升项目开发过程中风险的管控效率，避免企业可能遭受各种意外。

——项目采购管理

著名管理学家梅瑞狄斯在《项目管理——管理新视角》中提到："在采购设备、原材料和分包服务的过程中，必须清楚地界定出特定的需要，并且还要找到最低的价格和最具竞争力的供应商。"这个观点几乎代表了所有管理者的心声，针对成本控制和市场竞争而言，能不能做好采购管理几乎关乎着项目实施能否获得更大的效益。

项目采购管理是指为了从项目实施组织之外获得所需资源或服务所采取的一系列管理措施，它是项目管理活动中的一个重要内容与环节，管理者必须从项目资金的合理使用角度出发，思考和分析在项目的采购管理中应该如何降低成本、减少现金流出，并提高项目资金的使用效率。通常情况下，它包括采购计划、采购与征购、资源的选择以及合同的管理等项目工作。

为了确保项目采购管理的科学性、完整性，管理者可以利用金字塔思维罗列出潜在的各个要点，然后对这些要点分别进行描述、分解，从而扩散整个项目采购管理工作的分支，确保每一个重要环节都不会被遗漏。

——项目集成管理

在经济全球化的背景下，很多项目和业务都采用跨国合作的形式来展开，比如一辆汽车的制造可能就带有全球化的色彩，比如汽车外形设计主要来自美国的合作伙伴，原材料需要从俄罗斯采购，核心技术源于德国团队，市场营销团队来自英国，主要配件来自中国。在这样的情况下，汽车的开发就会面临诸多问题，为了确保项目的顺利实施，管理者或者项目负责人需要进行项目集成管理，以此来协调内部各项工作的展开。

项目集成管理是指为确保项目各项工作能够有机地协调和配合所展开的综合性和全局性的项目管理工作和过程。在整个项目管理活动中，它起到一个总的协调和整合的作用，目的是让各项目管理工作形成一个紧密联系、相互配合的整体。它包括项目集成计划的制订、项目集成计划的实施、项目变动的总体控制等步骤，管理者可以发散思维，对不同步骤进行认真分析和思考，确保项目集成管理的严密性和逻辑性。

以上几种都是项目管理的常见形式和内容，对于管理者来说，想要推进项目管理，那么就要分别对这些项目管理的形式进行结构化的思考，运用金字塔思维来解决管理中的各项问题。

构建项目实施目标的金字塔结构

在实施项目管理的时候，通常都会设定一个具体的目标，也就是说明确项目是什么，项目实施的目标是什么，而这个目标的确定实际上为整个项目管理工作的推进奠定了基础。正因为如此，目标的设置实际上成为管理者在项目计划开始之前就需要重点考虑的问题。

1954年，美国管理大师彼得·德鲁克在其名著《管理实践》中最先提出了“目标管理”的概念。所谓目标管理，实际上是一种以组织的总目标为中心，运用系统方法建立分层的目标体系，通过分权调动被管理者的能动性，从而有效地完成组织任务的管理方法。

比如在项目管理领域，目标可分为战略性目标、策略性目标以及方案、任务等。在正常情况下，项目目标的划分具有比较明确的分工，即：经营战略目标和高级策略目标由高级管理者制定，中级目标由中层管理者制定，初级目标由基层管理者制定，方案和任务等内容由职工制定，并同每一个成员的应有成果相联系。

这种特殊的分工往往会和企业的管理结构相呼应，这样就导致了一个现象：目标管理本身也自成体系，而且拥有一整套完善的富有逻辑性的结构。从不同类型的目标制定来看，这个制定目标的形式具有自上而下层层分解的特点。简单来说，就是以高层管理者制定的战略性目标（高级目标）为核心，将其向下分解为策略性目标（中级目标）来实施；而中层管理者在追求和实践这些中级目标的过程中，又要继续往下对它们进行分解，分解成一些初级目标；而为了达成这些初级目标，基层管理者会继续向下分解成具体的可执行的方案和任务。

而在具体的工作中，每一个阶层都需要实行“自我控制”，并且从执行者开始自下而上地保证目标的实现。使经营计划的贯彻执行建立在职工的主动性、积极性的基础上，把企业职工吸引到企业经营活动中来。正因为如此，目标管理实际上是一种自上而下的目标分解和自下而上的目标期望相结合的管理方法。从这种自上而下以及自下而上的层级结构来看，目标管理实际上与金字塔思维的基本结构非常相似，而在具体的目标管理过程中，我们甚至直接可以用金字塔思维来设定企业的目标，或者进行目标管理。

比如在进行目标管理的时候，企业的高层管理者可以先进行商讨，尽可能地确定一个比较明确的经营战略目标或者高级策略目标，这个大目标是对企业战略经营活动预期取得的主要成果的期望值。不过想要实现这个目标，不能像解决我们日常生活中的小问题一样去解决它，考虑到企业的具体情况以及实施过程中所需要的分工以及时间上的安排，企业需要对这个目标进行分解，使其变得更具执行性。也就是说将一个概念化的期望值具体化，使其更加契合各个部门的实际情况，因此企业高层会下达命令，将这个目标传达给各个部门，并引导各个部门依据自身的职责和能力制定合适的发展目标。

当各部门制定好自己的目标之后，实际上它们并不是最终的执行者，而且这些目标在具体执行的过程中还是显得有些脱离基层情况，或者说基层的执行者根本没有一个相对明确的方案和方法来实现目标。所以各部门制定的中级目标还需要向下分解成更为详细的小目标，部门主管会给下面的基层管理者下达指令，要求他们积极贯彻自己的想法和目标，而基层管理者为了让执行者更好地理解这些目标到底是什么，为了引导执行者如何去更好地完成目标，会想办法将其转化成为具体的方案和任务，然后分配给不同的职员去执行，最后按照分工合作的原则来完成目标。

美国克利夫外贸公司在发展初期就制定了年营业额超过6亿美元的战略目标，在制定这个目标之后，公司高层召开会议，将这个目标传达给所有部门的管理者。这些管理者很快就会将6亿美元的目标进行转化和分解，每个部门将会制定新的目标，比如：市场部制定了每年将销售额增长20%的目标，或者将市场份额提升20%的目标；生产部门则制定了年生产量增加25%的目标；广告宣传部门则制定了未来数年时间内广告覆盖率85%的目标。

各个部门制定目标之后，部门主管会将这些目标告知基层管理者，基层管理者会依照具体的情况进行分析，制订合理的方案，比如市场营销部会进行改革：

- 加强培训，提升营销人员素质
- 增加一线员工的数量

● 增加一线员工的决策权

生产部门也会相应地提出具体的执行方案和方法：

● 引入新技术，提高效率

● 加强质量管理

经过各个基层管理者的分解，企业的目标被划分成各种具体的可执行的方案，这样执行者能够更好地理解高层的意图，也能更好地执行上级下达的任务。

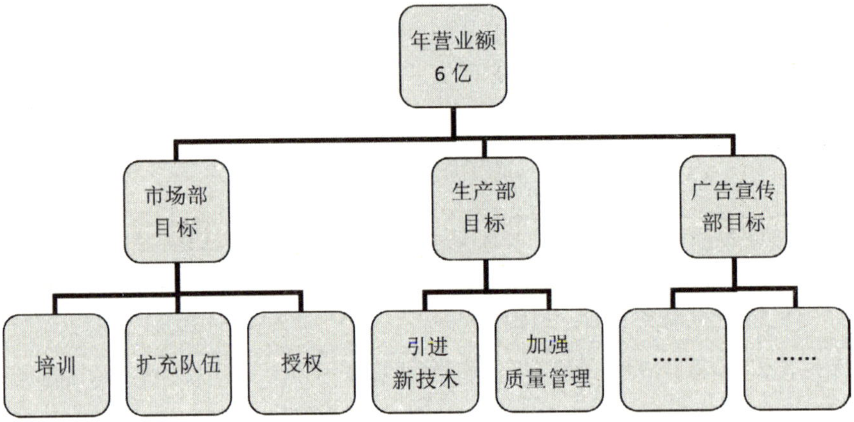

运用金字塔思维，我们就可以将企业进行层层分解，并且能够确保各层级目标、思想组内的目标保持强烈的逻辑关系。需要注意的是，在这个分解的过程中，实际上和权力分层息息相关，从某种程度上来说，目标管理也是一种权力分解的方式。但无论如何，目标管理过程中产生的结构，显然更适合金字塔思维。

展示篇

形象化的金字塔结构

第九章：页面上的金字塔

我们是否善于在页面中展示金字塔结构？

在进行思考、表达或者解决问题的时候，我们可以激活自己的头脑，确保整个思考过程在头脑中慢慢成形，但是如果想要将整个金字塔结构展示出来给别人看，或者将自己所要表达的思想和描述的东西展示出来，那么就需要确保自己整个表达方式足够到位，毕竟外在的展示不同于自己的构思，两者的难易程度也完全不同。此外，由于我们所描述的思想和所表达的想法可能存在难易程度上的区别，所以我们在呈现这些金字塔结构时，同样需要视情况而定。

如果一个职员准备向他的直接领导汇报某项并不复杂的工作，那么他就可以将工作中的一些基本情况进行简单的介绍，并将其制作成一个简单的报告呈交上去。报告的主要内容是完成了某项工作，然后大致介绍自己完成了工作A，完成了工作B，完成了工作C。并且职员需要对工作A、B、C的完成情况分别进行简单描述。这样的简单描述通常比较容易理解，多数领导见到报告都会很快了解文本的结构，并从文本结构中大致产生一个“完成工作—工作类型—工作细节”的简单框架。这是一个非常简单的小报告，无论是阅读还是理解，都不用花费太多的脑力，因此这个时候，其实根本没有必要特意对金字塔的结构进行过分展示。

如果领导阅读这项报告之后，觉得里面包含的信息量太少，关键是这个报告将会作为会议上的一个重要文件来展示，所以他要求职员必须重新书写和组织相关的内容。现在问题变得复杂了，职员必须在整个报告中加入更多的信息，比如加入执行工作或者实施项目的大背景，执行工作A、B、C的原因、步骤、细节等内容，加入一些非计划之内的意外事故的描述，等等。

这个时候，整个报告不仅仅是增加了字数和内容，关键是整体的框架变得更加复杂，而这种复杂也就意味着我们需要花费更多的笔墨来构建好金字塔结构，也意味着我们在呈现这个金字塔结构时，所面临的难度更大，其他人能够从复杂的信息中更加明确地了解文本的大体结构吗？

这样的情况总是令人头疼的，尤其是在一些会议上，或者一些重要的方案中，想要将页面上的复杂内容尽可能地被其他人所熟悉，至少要让对方了解一个大概的框架，那么最重要的就是确保文本能够尽可能地展示出整体的结构。这种结构展示实际上类似于一种要点概括，这种概括的方式多种多样，可以是各个层次思想的概括和划分（比如说设置多个标题），也可以是某些核心思想的强调（设置下划线以及数字编号）。

很显然，通过一些要点和观点的概括，读者在阅读文本的时候，能够在短时间内了解相关的结构以及作者的整体思维框架。而这是文章在写作过程中必须考量的一个重要因素。通常情况下，一篇理想的、合格的好文章，应该具备那种在30秒内让读者理解作者整体思维框架的特点，这个框架大致可以划分为：序言、中心思想以及文本中的关键句或者要点。不仅如此，整个思维框架还应该明确地向读者传达出各组思想之间的逻辑关系。

就目前来说，很多企业、很多人对于如何写好文章并不那么重视，多数人认为自己最重要的就是把事情说出来，或者大致描述出来就行，却忽略了两点：读者是否有足够的时间看？读者是否能够在短时间内看懂里面到底说了些什么？我们不要指望每一个领导、每一个客户、每一个倾听者和读者都有足够的时间来看看接收的那些电子邮件，如果一篇文章不能在短时间内让人整理出一个大致的框架和结构，那么它能够引起阅读兴趣的概率也就很小了。

伯维尔咨询公司在过去几年时间里一直都在为别的企业进行员工培训，其中一项重要的培训内容就是“如何提升写作水平”。考虑到企业中经常需要用到报告、策划方案以及一些日常的信息交流文案，这种培训已经越来越受到企业的欢迎。

而在写作培训中，伯维尔咨询公司的培训师和相关负责人提出了这样的要求：每一个员工必须写一篇报告，而这篇报告必须显示出明确的结构，如果培训师在短时间内还无法弄清楚这篇文章大概讲了些什么内容，那么文章就必须重写。

在这个号称最严格的写作培训制度下，员工需要想办法精心构建自己的思维框架，需要将一些结构性的描述、总结性的描述以及重要的观点展示出来，而这对于他们日后的写作很有帮助。

这些培训实际上就是为了提升对金字塔结构的提取和展示能力，或者说将那些枯燥的文字和复杂的内容转化成为一种可视的结构，这种视觉化的展示，会让文章内在的结构变得更加立体，也会让读者更快、更准地了解文章的内容。

一般来说，使页面金字塔结构变得更加明确的方法有好多种：多级标题法、下划线法、数字编号法、首行缩进法、项目符号法。这些方法的目的就是将文章的观点尽可能地概括出来，以便让读者能够快速理解文章的大致结构和内容。如果一篇文章的篇幅很长，而且这篇文章的内容比较复杂，那么就要采取以上这些方法来体现出作者的思想层次和论述层次。

当然这种考量通常只适用于一些文案、报告、说明书、条例、设计方案等文本，这些文本形式通常都注重结构性和逻辑性。而像一些侧重于文学或者哲学的文本，则没有必要对文本框架进行设定，或者刻意突出它们的结构。

多级标题的设置技巧

任何一篇理想的文章都应该具备自己的结构，作者会在行文过程中体现出自己的构思和层次，这种构思和层次主要体现在作者会将自己所写的内容进行精准而细致的划分，尤其是在一些结构非常复杂、容量很大、篇幅很长的文章中，作者需要更为明确的方法，而不是毫无章法地将所有的内容杂糅在一起，而没有任何明显的提示和划分。

在日常生活中经常会见到这种情况：当老板让员工提交一份方案或者报告的时候，多数人的想法就是尽可能将所有有价值的资料堆放在一起。当然通常他们不会直接将一大摞的文件呈交上去，而是想方设法将所有有价值的资料集中压缩在一个文本或者文章里面，将其制作成一份超长的报告。那么这种报告是否足够合理呢？

克伦威尔公司的副总裁布鲁姆提到自己刚进入公司时的一件事：有一次，领导让他帮忙弄一个关于某个课题分析的报告。布鲁姆在大学时代就是一个文笔出色的人，这种稿子对他来说似乎并不那么困难。但是写完之后，领导看了一眼就将稿子丢进了垃圾桶。领导怒斥道："我要的是一篇能够快速看懂的报告，而不是堆积在一起的5879个字。"布鲁姆后来才意识到自己真正的问题在于没有将文章的层次和结构提炼出来，而要求领导在短时间内从中了解大概的内容的确很难。

微软公司的执行总监鲍勃说："我不希望有人一上来就扔给我几万个字，然后告诉我里面的内容多么丰富，多么富有层次感。我希望自己能够一眼就看穿文章的层次。"对于任何一个领导来说，这样的要求并不过分，他们有理由要求作者将自己的文章结构表达得更加完整和精确。

事实上，当我们在界定简单或者复杂的时候，并没有一个固定的标准，也没有一个非常好的评判方式，一切都在于我们是否能够很快地理解相关的内容。如果让我们理解一段几千字组成的文案，而文案除了一个标题之外，没有任何明显的层次划分，那么我们可能对相关的结构划分感到迷糊。考虑到这些文案的层次可能比较多，那么就会让我们感觉到内部结构的复杂。

这时候，这种复杂性在于文章多层次的结构，也可能在于过大的文字容量，但是如果我们将这些层次划分出来，并且一一进行提取和标注，那么整体的结构实际上就会变得非常明了。那么该如何进行提取呢？最常用的方法就是针对每一个思想层次设置一个标题，所以我们最终会发现，整个文章的框架会呈现出“中心思想（标题）—章节标题—节内的小标题”，这种标题的划分还可以依据层次的深入而变得更加细致。

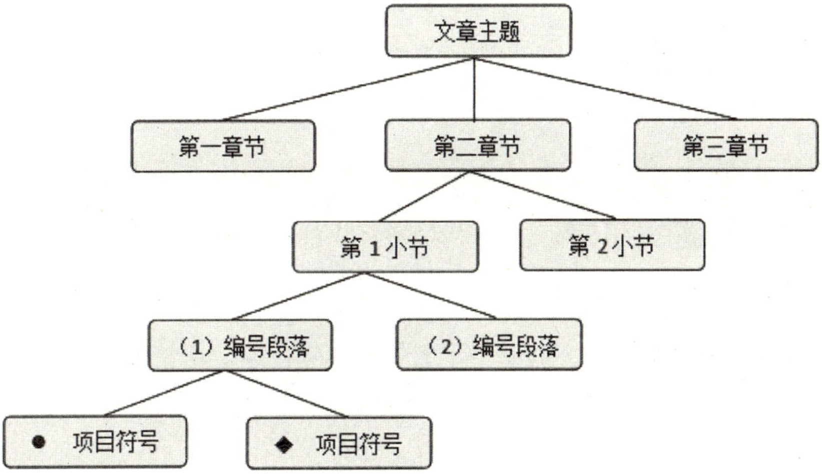

多级标题图

在这个金字塔结构图中，最高的一层是文章的主题，接着是章的标题，接下来是小节标题，而小节标题下还可以划分出编号段落，编号段落下面是项目符号。这样一来，整个框架中会出现不同层次的标题，而这就是多级标题法。

使用这个方法之后，我们就会发现原本几千字、几万字的报告或者文案一下子变得简单明了，只需要把握住分层的标题，就可以快速了解文章的内容。可以说借助了多级标题法，我们就能够将复杂的文本变得更加简单。

多级标题法的基本原理就是标题与思想层次的对应，对于作者的观点、论点、论据、建议，可以依据不同的地位和作用或者在文章结构中的位置进行标记区分。这种区分往往需要和文章具体的结构、内容相结合。

接下来，我们可以对标题与思想层次的对应关系进行梳理，从而明确每一个层次的标题所扮演的重要角色，以及所起到的重要作用。

——大章的标题

对于一篇结构严谨的文章来说，大章的标题不可或缺，它与文章的标题紧密相连，也是文章结构的主要支柱，它构成了最初的文本框架。作为一个起到结构性支撑作用的标题，大章标题应该具有高度的概括性，它所传达的内容是文本的主要内容，这是读者了解文本主要结构和内容的一个最重要工具，或者说是一个窗口，通过这个窗口，读者可以很快了解文本的大致内容，以及作者的一些主要思想。

为了理解大章标题所表达的意思，读者通常会大致浏览一下紧接大章标题的段落来了解一些基本的信息。对于作者而言，他们必须在这些段落中清晰地表达主要的思想和一些概念性的话题。

在写作的时候，我们需要对每章的标题进行编号，居中排列。而对于不同的思想侧面，可以采取段落标记加以区分，也就是说，我们可以在不同的段落中进行描述：

· 第一主要思想

· 第二主要思想

· 第三主要思想

——每节的标题

上面提到的“第一主要思想”“第二主要思想”“第三主要思想”，其实就是“节”的标题。“节”是文本的一个重要组成部分，每一个节都具有自己独特的内容和形式，而每一个节标题同样需要呈现出每节的思想，并且第一节标题和后面各节标题应该采取同样的格式。实际上作者可以对每节内容进行细化，将其划分成若干小节，倘若论点不长的话，也可以划分为编号段落。

在一个节中，必须重点去描述或者介绍小节的主要思想，而不同的思想可以采用段落标记进行区分：

· 第一次要思想

· 第二次要思想

· 第三次要思想

——小节标题

在节标题的内容框架中，“第一次要思想”“第二次要思想”“第三次要思想”是小节标题。同大章标题和节标题一样，小节标题具有高度的概括性，而且在格式上必须做到整齐划一。

——编号段落

为了强调所有编号观点具有某种相似性，可以在首句或者第一个词组下划线，这就是编号段落，它主要是指那些次要思想的子级思想。而为了说明和阐述某一个观点，可能会出现不止一个段落，但是考虑到这些思想已经并不那么重要，一般最好不要超过三个。

——项目符号

在编号段落内部，通常还可以细分为线符号段落“—”以及点符号段落“·”，这两种符号可以统称为项目符号。实际上，即便是在很多非常规范的文案或者报告中，也很少会出现项目符号，因为通常情况下，很少会有文章将思想层级划分得那么细。

以上几个思想层次在格式上有所不同，其中主要思想采取节标题那种左端空两格对齐的格式，次要思想可以采用小节标题的格式，而更次一级的思想则与编号段落的格式相对应，每一个思想层次对应一种标题，每一种标题代表了一种思想层次，这些标题实际上就是文章思想层次或者框架的重要表现。

不过在使用这些标题来呈现文章的金字塔结构时，需要注意以下几个方面：

◎ 每一层级标题不止一个

在金字塔结构中，不同层级的思想通常都不会只有一个，否则整个金字塔就会变成一个单纯的纵向结构了。在一篇文章中，如果出现这种纵向结构，那么整篇文章的内容就会显得太单调、太狭窄，思想也不够完整。正因为如此，在文本和页面中来呈现金字塔结构的时候，为了确保结构得到更为形象的展示，在同一层次的思想表达上必须使用多个标题。简单来说，一篇文章里面不可能只出现一个章标题、一个节标题、一个小节标题、一个编号段落、一个项目符号段落。

◎ 标题的凝练

一个好的标题绝对不是那种统领全文内容的复杂句式，如果我们试图将所有重要的内容全都压缩在标题中，那么无疑会让整个标题变成一个累赘。多数人都觉得标题就是一段统领性的文字，但事实上它的主要作用在于提示，因此能够用最简单的方式来提炼思想的精髓，这才是一个标题应该具备的特性。

◎ 标题与正文要分开

标题的作用既然在于提示，那么我们就需要谨防将其作为正文的一部分来传递信息。比如有的人在列出标题之后，立即在下文段落的第一句话就对这个标题进行解释，这样就造成了标题和正文的粘连。一篇理想的文章，即便去除这些标题（编号段落除外），也不会对阅读造成影响。我们需要明确的是，标题的主要目的还是为了吸引眼球，而不是为了引出下文段落的信息，因此在设置标题之后，紧接标题的第一句话需要想办法脱离标题的影响，而应该向读者表明“我在阐述新的话题”，或者说“接下来，我要开始讲述什么”。

◎ 同组思想保持一致的句型

在金字塔结构中，同组思想往往具有相同的特质，作为同一类思想，它们在标题中往往也要保持句型上的一致。这种一致实际上是语句排列顺序的一致性，在标题中，句子的主语、谓语必须保持统一的模式和顺序。如果第一个词是动词，那么处于同一层级的其他标题的第一个词也应该是动词；如果第一个词是名词，那么与之相同层级的其他标题的第一个词也应是名词。

比如在提到如何提升产品价值的问题时，可以从“推进市场调查”和“提升研发能力”两个方面入手：

推进市场调查

·划分市场区域

·掌握客户需求

提升研发能力

·引入新技术

·招聘高端人才

◎介绍性的语言

在明确一组标题所要解释或者讨论的主要论点之前，我们更需要使用一段介绍性的话来强调。这就类似于金字塔结构的序言一样，如果删掉了序言，读者在阅读的时候往往会一头雾水，他们可能很难明白整篇文章的核心思想到底是什么。比如我们在指出文章的大标题之后，就立即开始写大章标题，或者在列出大章标题之后紧接着写出节标题，这样的做法往往会让整个行文显得太过突兀。所以为了避免出现理解上的问题，我们在写文章的时候，需要在每一组标题之前都设置一段介绍性的话，用来引出下面一组标题所要表达的主要内容。

◎不要滥用标题

作为呈现金字塔结构的主要载体，标题的设置往往需要做到细化和丰富，这样才能确保整个结构的完整性，才能确保表达的完整性和清晰度，但细化标题或者划分思想的层次并不意味着我们可以任意设置各种各样的标题。很显然，当标题能够对文本内容做出适当提示的时候，只要读者可以依据这些提示了解大致的文本结构和思想细节，那么就没有必要对其再设置分支。

由此可见，多级标题的设置并不是简单地提出几个概括性的标题进行提示，所有的标题都必须表达出特定层次内思想的意义，必须体现出应有的排列顺序和规则。

利用下划线来体现思想层次

利用多级标题和多层思想的对应关系，我们能够有效地将金字塔结构呈现给读者，但有时候，我们会看见很多作者会利用下划线来表示文章内部的思想层次，而实际上他们只是利用下划线标出关键句层次下的所有支持性论点。为了简化排版格式，现在很多人更加习惯用粗体字来表示主要思想，而低层次的支持性思想则用下划线表示。更低层次的支持性观点也全部用下划线标出，但是我们可以发现它们在字体和首行缩进上所存在的区别。

比如沃尔玛公司曾经出台了一份文件，其中有一大段内容是这样的：

1.服务于客户，提升客户的认同感

（1）在服务中，让客户获得更好的体验以及更多的尊重

如果客户对服务不满意，那么公司与员工必须调整自己的服务，尽量迎合客户的需求。

● 重新了解客户需要什么或者想要什么

—改变自己的服务方向或者服务形式

这种排版格式看上去比较清晰，但如果文章的内容比较多的话，

那么读者在阅读的时候容易出现信息混乱，他们甚至都无法弄清楚文章的结构，因为项目符号与短线的过度运用可能会破坏整体的层次与格局，而实际上在以上这个文件中，无论是项目符号还是短线后面强调的内容都属于主要观点“服务于客户，提升客户的认同感”下的支持性观点，因此在这里根本没有必要运用项目符号和短线，或者说根本没有必要利用这两种方法来划分层次。最好的排版模式还是运用下划线的方法，它可以将所有支持性的观点提炼并凸显出来。

1.服务于客户，提升客户的认同感

（1）在服务中，让客户获得更好的体验以及更多的尊重。如果客户对服务不满意，那么公司与员工必须调整自己的服务，尽量迎合客户的需求。

运用下划线之后，文件显得更加精练，而读者对于文件的主要内容也有了更好的理解和把握，重要的是，整个文件中的思想层次变得更加突出，逻辑性也更加清晰分明，这也有助于页面金字塔结构的展示。

这种方法实际上非常有效，尤其是在一些篇幅比较短的文章里，下划线的设置非常常见，其目的是方便阅读和提高阅读速度。比如当读者想要了解文章的大概内容时，往往只需浏览一遍中心思想，以及各个下划线的句子，就能轻松理解整篇文章。

尽管下划线的设置为读者提供了很大的便利，从某种意义上来说，它让文章的框架变得更加明了，也让文章的内容更加明确，读者只要对下划线的部分稍做整合，就能够知道文章实际上说了什么，也能够明确知道作者所表达的意思，但对于作者来说，想要让读者理解文章，必须严格遵守苛刻的原则。

这些原则包括以下几个方面：

◎疑问/回答结构

鉴于整段文字或者文字中的论点需要呈现出明确清晰的逻辑，采用下划线的时候，需要更加突出“以上统下”的金字塔原则，因此在展示和描述不同层次思想时，需要注意不同层次思想之间的逻辑关系。简单来说，下一层次的各个论点，必须而且只需直接回答上一层次论点提出的问题。有时候，为了引出相关的疑问和回答，作者必须在每一节的引言或结束段落里详细介绍背景资料。

◎更少的信息量

抓住论点的一个最重要原则就在于简单，复杂的语言会摧毁读者理解论点的兴趣。事实上，不要高估了读者的耐心，就像我们在阅读《时代》周刊或者政府颁布的某个指令一样，在费力看完几十个单词之后，如果依然不知道这段文字讲了什么东西，讲述了什么论点，那么就会迅速失去兴趣。这对作者来说，绝对是一个重大的考验，他们必须想办法简化论点的信息量，以便更为直接地突出这个论点。换句话说，一旦作者发现自己的论点超过了12个单词，或者这段文字中包含了不止一个主语和谓语，那么足够证明这篇文章的逻辑关系过于复杂，而接下来他们要做的就是进一步简化论点的措辞。

◎演绎和归纳

无论如何，作者在提出某个论点时，更容易罗列出一大堆观点，这或许是保持思想完整性的一个重要保障，或者他们会认为这是呈现金字塔结构必须做的步骤。不过事实是，这些观点可能不够合理，尤其是当作者一口气列出七八个论点时，他们更需要对自己的观点重新进行审视。原因就在于在整个金字塔结构中，逻辑关系的确定主要是依靠演绎推理和归纳推理两种方法来进行的，但演绎推理和归纳推理的观点数量受到严格的控制，比如在演绎推理的链条中，通常不会出现四个以上的论点；而在归纳推理中，论点的数量被控制在五个以内。这样就明确了一个最基本的限制性因素：一旦作者发现自己的论点超过了以上的数字要求，就需要思考一下是否对自己的观点进行分组和归类。

运用数字编号来明确思想的层次与顺序

在日常生活中，我们所接触到的有关政府部门或者各企业的文章、方案通常都有一个共性，那就是他们更喜欢用数字而不是用标题强调文章的层次。正如那些文章段落被编上数字号码一样，有时候我们会发现数字正在引导我们的思维和注意力。

很显然，我们对于数字的痴迷和依赖几乎成为一种习惯，这种习惯促使我们建立起一种更为高效的文字搜索和整合能力，其优点在于任何一个观点或者建立都可能会被读者更方便、更准确地查找到。

比如当作者准备阐述某一件事的时候，为了让自己的观点更具说服力，就会提出几个支撑性的观点，这个时候，作者会对自己的支撑性观点进行编号。

1. ×××××××

2. ×××××××

3. ×××××××

这种方法不仅仅在于对各个思想进行罗列和组织，对某一个主题或者论点进行分析，还可以有效展示不同的思想层次，而这种层次实际上就是一种金字塔结构，所以从某种意义上来说，数字编号的方法有助于凸显出文章的金字塔结构。尤其是当它与多级标题法结合起来之后（数字编号一般可以与多级标题法进行搭配，多级标题法主要用来帮助读者找到思想的要点，而且还能够支撑读者的记忆，帮助他们快速回忆起阅读过的内容），这种效果更加明显。

如果将整个思想层次用数字编号的形式展示出来，那么会呈现出这样的结构：

1. ×××××××

1.1. ×××××××

1.1.1. ×××××××

比如克莱恩公司在去年发布了一项内部的报告，报告的第三章“消除投资隐患”：

3.消除投资隐患

在过去30年，我们在投资领域犯下了各种各样的错误，这些错误归根结底在于我们对于投资市场各种隐患的漠视，一些视而不见的错误将我们带入歧途，这也是长期以来面临挫折和困境的原因。

现在，我们需要正视投资，需要将投资当成一个最慎重的课题来对待，我们需要重新部署自己的战略规划，需要明确各项投资要素，并且尽可能地消除投资隐患，确保能够帮助公司打造一个良好的投资环境和一个正确的投资方案。

3.1避免进入市场陷阱

克莱恩公司的市场定位出现过巨大的偏差，也在一些冲动型与迷惑型的投资中误入陷阱，较为严重的次数就已经达到了13次。现在我们需要扭转这种态势，即提升投资的关注度和谨慎性，对那些潜在的可能危及投资效益的要素逐个进行排查。

3.1.1市场检验和分析

任何一个市场的存在都必须经受住检验，克莱恩公司需要采取必要的行动来了解市场是否值得投资，是否存在陷阱。所以在开启投资计划之前，一定要安排专人调查市场行情，要明确投资的效益以及后续发展空间。

3.1.2拒绝盲目

每一年几乎都会出现投资风潮，在一些新兴行业（克莱恩公司是互联网公司）中，这种风潮几乎每隔两三年就会出现，但并非所有的投资风潮都是合理的，各种投机风潮会破坏投资公司的常规计划，并且制造投资市场的混乱。对于克莱恩公司而言，不能轻易相信那些风潮，不能盲目追从趋势，无论做什么都要认真进行评估，以免被不良局势所左右。

3.2避免错误的投资方式

对于克莱恩公司来说，最大的危险在于我们常常采取一些错误的投资方式，正如同我们在北美和欧洲所制定的那些投资策略一样，从根本上来说并不科学，并不合理，这是造成投资失败的关键，所以解决问题的根本在于我们必须及时改变策略，修改投资方案，采取正确的方式来赢得新的机会。

3.2.1尽可能减少短期投资

在1990年、1998年、2009年、2014年，克莱恩公司投资了四个重要项目，实际上看重的都是短期内的效益，而这种投机主义最终使得企业的长远发展陷入泥潭。现在企业想要实现转型，想要获得更加健康的投资，就必须放弃原先的短线投机，而应该专注于长线投资，要看重投资项目的长远效益和发展空间。

3.2.2放弃多元化投资战略

克莱恩公司所秉持的投资原则就是多元化，也正是因为如此，公司在发展过程中先后涉猎20多个投资领域共40多个项目，但是这种多元化的发展战略带来了巨大的投资浪费，导致人力和资本浪费在一些根本没有多少价值的投资上。现在，如果公司准备重新定位自己的投资方向和策略，那么首要任务就是将投资力量集中在少数几种具备发展潜力或者能够带来更多效益的项目上。如2015年的“汤姆逊一号项目”（有关互联网购物的投资项目）以及2011年的“南岸计划”（迈阿密的物流整合项目），这两个投资项目就为公司带来了不菲的收益，也给公司的发展提供了更宽广的思路，因此公司必须想办法加大投资的力度。

这份报告运用了数字编号法，结果大概的内容和思想层次让人一目了然，对于阅读报告的人来说，只要看到那些用数字编号标注好的标题，就可以轻易明确整篇文章的大致结构，或者说确定一个最基本的金字塔结构。

需要注意的是，麦肯锡咨询公司发现，一旦作者频繁使用数字编号，读者对于文章整体或者某一节内容的关注度就会下降。从心理学的角度来说，在面对一大段文字的时候，我们的确更容易对那些编号产生兴趣，这让读者的目光停留在那些编号的小段文字上，而忽略了对文章整体进行把握。过度关注数字编号几乎成为读者的一个通病，哪怕是那些孩子，也常常只把目光放在更容易引起他们兴趣的数字编号上。

另外，对于那些想要修改文章的人来说，数字编号的存在会增加修改的负担，尤其是当作者决定删除某个段落的时候，就需要将后面所有段落重新编号，而且相关的文字也要重新修改，这无疑增加了更多的麻烦。

首行缩进法

菲尔德先生在向伦特·布朗（HY服装贸易公司的总裁）简单汇报业务的时候，整个报告的内容是这样的：

我现在把和诺里斯的谈判推迟到了下周三，接下来，在周四的时候，我将与HY服装贸易公司市场部的高管进行商议。现在我需要一份更完善的资料来明确这一次合作的内容，以作为必要的参考依据。

更重要的是，我们需要依靠更多资料来制订合理的方案，这决定我们在谈判中将占据多少主动权。此外，公司最好能够提供更多的有关商贸合作的资料，这些资料将有助于我们更好地规避一些常见的谈判陷阱和风险。

这个报告的逻辑非常清晰，我们能够很快理解菲尔德先生的话，即便将这些内容适当进行扩展，问题似乎也不大，但是如果我们能够将报告内容进行整理，并且换一种形式进行表达，比如：

我现在把和诺里斯的谈判推迟到了下周三，接下来，在周四的时候，我将与HY服装贸易公司市场部的高管进行商议。现在我需要更多完善的资料：

1.寻找一份更完善的资料来明确这一次合作的内容，以作为必要的参考依据。

2.依靠更多资料来制订合理的方案，这决定我们在谈判中将占据多少主动权。

3.公司提供更多的有关商贸合作的资料，这些资料将有助于我们更好地规避一些常见的谈判陷阱和风险。

对以上两个不同版本的文章进行对比和分析，我们就可以发现后者在表达上更加顺畅，在理解上也更加明确。尽管第一种版本的表达同样很清晰，但是在观点提炼方面和读者理解方面明显存在一些欠缺，对于读者的吸引力也不够大。而第二个版本采用了首行缩进法，无论是行文内容还是结构展示，都显得非常有条理，而且变得更加简单明了。在很多时候，作者甚至采取相同的语法形式来表达观点，而这也是首行缩进法的一个常见表现方式，类似于一种格式化的方法，目的就是将同组思想进行语法和句型上的统一。

比如在甲骨文公司里，员工的报告或者年度总结必须尽量做到精简，脾气火暴、性格古怪的埃里森（甲骨文公司创始人）可不怎么喜欢那些形式表达者，他只愿意花几十秒时间来阅读员工的汇报。当然，员工同样必须非常清晰地说明他们所要表达的思想以及报告的结构。这对于多数人而言并不容易办到，因为他们还必须工整地处理那些句型。关于这一点，向来追求自由和无条件限制的埃里森却这样认为："它们必须看起来更加漂亮才行。"这对所有人几乎都是一个灾难吗？并非如此，通过类似的要求，员工们在写报告的时候，的确变得更加谨慎合理，他们也明白该如何运用更加突出的结构与形式来取悦于老板这样的读者，从而有效提升甲骨文公司的沟通效率，更重要的是，通过首行缩进法提炼出来的句子和内容，都让人觉得一目了然。

事实上，首行缩进法适用于内容篇幅比较短的文章，这个时候，并不适用于借助标题、编号等方式来呈现思想层次。就像上文菲尔德先生所做的报告一样，整个文本中根本不能进行数字编号或者设置多个标题。但我们往往需要处理不同组别的思想，并希望借助某种特殊的方法来突出这些观点，此时就需要运用首行缩进法。这种方法能够将支持或解释中心思想的论点进行归类分组，从而确保读者更容易理解文章的内容。

对于很多写报告的作者来说，经常会利用首行缩进法来突出思想。通过首行缩进法的运用，读者通常会发现整个文章变得更加条理清晰，作者的思想也变得更容易理解。对于作者而言，用词变得更加简练，而且他们也更容易通过这种方法来检查自己的思想，看看自己是否完全表达清楚自己想要说的话。

这种自检方法实际上确保了整个行文风格的严谨和完整，只要对所描述的思想进行设定，就能够更好地明白整篇文章的构造以及内在的容量。对于多数人来说，首行缩进法虽然并没有像多级标题法那样频繁地被应用，但是在追求小篇幅和内容完整性相统一方面，首行缩进法的确占据了一定的优势。

但是需要注意的是，在我们惯用的英文格式中，每篇备忘录只能有一组观点用首行缩进法，否则视觉效果就会受到影响。

项目符号法

除了以上几种方法之外，项目符号法也是一个常见的页面金字塔展示方法。项目符号是指各个项目前所标注的符号，一般是放在文本（如列表中的项目）前以添加强调效果的点或其他符号，在大文档中可建立或取消项目编号，多数时候都以●的形式存在，而这也是项目符号法的一个重要标配。

项目符号最早是出现在出版行业。Robert Bringhurst在《版面设计风格要素》（*The Elements of Typographic Style*）一书中就将项目符号与现代排版设计联系起来：“这个圆点（虽然并不总是圆的），也可以用作排版标记。项目符号看起来像一排悬挂在页边的圆点，一眼看去就知道这是一列并排的项目。当然，你还可以用它来标注文中的一段话。”

项目列表在很早以前就广泛应用到了写作和印刷中，不过最初人们常用方形的项目符号，而且还是一个旋转了45度的正方形：◆。在20世纪50年代，《纽约时报》编写了一本书《纽约时报字体书》，他们将项目符号写进了这本书中。自此以后，项目符号法开始频繁运用到写作当中，很多咨询公司内部都会采用这种方式来写项目进度小结。包括麦肯锡和其他一些大型咨询公司，其内部客户的高级主管，经常围坐在桌子旁，一页一页地仔细研究这些项目进度小结。

无论是从格式还是功能上来说，项目符号法堪称是首行缩进法的变形，通过对该方法的运用，我们会发现文章的整体结构变得更加严谨和明了。比如它能够帮助文本自动左对齐，确保整个文本都简洁明了，也让整个文本变得更有条理。在展示软件中使用项目符号，则改变了我们交流信息的方式，让沟通变得更加顺畅。除此之外，项目符号可以帮助我们征服读者并抓住他们的注意力。

所以在页面文本中，很多人往往都会运用项目符号法来凸显出金字塔结构，而具体的形式与方法实际上也迎合了金字塔思维的一贯原则。这些原则实际上在思想层次划分和内容划分方面起到了一个范本的作用。

《金字塔原理》的作者芭芭拉女士曾经对项目进度小结的格式进行了整理：

1.写项目进度小结时，在主要内容不变的前提下，以不同的方式提出你的思想观点

a.你这么做是因为客户阅读文章时，你在场

—而且作者希望大家一起讨论他提出的观点

● 你能够得到其他的对你的发现的直接反馈

● 并按照希望的方向继续工作

b.因此，你以有助于客户阅读的方式把你的思想观点写在纸面上

—你希望他迅速地理解中心论点

—你希望他轻松找到论点之间的逻辑关系

—你希望他更清楚地区分次要论点

2.为了取得良好的视觉效果，你必须遵守某些规则

a.每一层次的陈述简短直接

—省略文雅的注释

—省略连接句

b.每一层次只有一个陈述句

c.如果可能，同一层次的思想观点使用相同的句子结构

d.确保每一层次的思想观点直接与上一层次相联系

—要么解释它

—要么支持它

3.除非你有意遵守规则，否则不必使用这种格式

在使用项目符号方面，一个非常有名的例子就是2011年的美国副总统辩论，乔·拜登（Joe Biden）随手涂写的一张笔记被拍了下来，

这个笔记里，每个项目符号后边都是一个简单的词或者短语。

罗伯特·布鲁斯先生是一位非常出色的撰稿人，事实上，他在报告写作和文案设计方面都是顶尖的人才，他的每一篇文章看起来都简洁明了、逻辑清晰、结构分明。尽管他并没有意识到或者接触金字塔思维，也并不清楚一篇文章是否一定要按照金字塔结构来处理，但他的确让自己的文章变得更加清晰，读者能够从中看清楚那种结构化的思维，能够迅速提炼出一个金字塔结构或者至少是类似于这种结构的文本框架。我和罗伯特先生谈论起这件事的时候，他一脸疑惑，但是他的文章在体现金字塔结构方面的确做得非常到位，而其中一个重要原因就在于他对项目符号法的运用，这恰恰是他打造一份成功文本的关键方法。记得多年以前，他曾给一家网站写过一篇文章，内容是关于如何使用项目符号的。在文章中，他提到了一些基本的写作要求，这些要求其实完全可以当作一种标准：

● 保持对称：不管你打算每点写一行还是写两行，请保持一致。记住，使用项目符号最重要的一点就是保持简洁。每一点越短，并且排列越整齐越好。这样利于扫读和细读。

● 观点并列：并列结构总会给你一种艺术的美感。如果你列了一张项目符号列表，第一条用的是动词，那么请保持剩下的几条也都是动词。当你写完的时候，你会发现这个列表是多么赏心悦目，读起来也很舒适。

● 坚持原则：项目符号列表应该传达清晰简洁的信息。控制好自己的洪荒之力，不要加入浮夸的文字和太多的细节。每一点内容甚至没必要是完整的话，如果你一定要写得很详细的话，不如写一个新的段落。

- 像撰稿人一样思考：最好的项目要点不意味着必须是完整的句子。相反，你可以假装自己在给报纸或Buzzfeed（美国的一个新闻聚合网站）的头版写标题。你能想到的最简单明了表达你的观点的方式是什么？如果你能想明白这一点，你就能写出最完美的项目列表了。

- 只用项目符号：一定要抵挡住想混入标题、副标题、数字或者其他排版符号的欲望。项目符号只单独使用就好了，不要与其他笔记符号或者标题相混杂。

事实上，项目符号法非常简单，而且同其他方法一样，实际上都在辅助读者更加明确地了解自己所思索的逻辑关系，目的就是帮助读者更好、更快、更准确地理解思想层次之间的逻辑关系以及由此构建起来的结构。尽管对于很多人来说，无论是项目符号法，还是诸如多级标题法、首行缩进法等其他一些方法，对于阅读那些篇幅比较小或者内容不多的文章都根本没有多少可节省时间的空间，这些方法所能节省的时间并不算多，但是如果读者每天需要阅读大量的文件或者处理大量的文件，那么运用这些方法将会为他们节省大量的时间。

思想层次之间的合理过渡

事实上，从我们尝试写作的时候开始，大家就被要求保持句子的流畅，这种流畅并不仅仅是保持所描述事件的流畅和自然（把一个故事或者一件事的顺序和逻辑说清楚），还在于确保不同思想层次和内容之间的自然衔接，简单来说，就是对过渡句的把握。这种把握也可以说是对思想层次之间自然衔接的把握。

比如，在写文章的时候，我们通常会设置一大段序言，以此来介绍所要描述的思想观点的背景，或者借助序言来引出某个思想观点，而不是一开篇就提出某个观点或者描述某一件事。但实际上序言和正文之间的衔接通常也是不自然的，或者说从序言到正文，其间还需要一个简短的句子来进行过渡，否则整体的行文就会显得太过突兀。

不仅仅是序言与正文之间，如果文本内容很多，篇幅很长，在各级标题或者主要思想观点的描述中，同样需要借助过渡句。正如同我们在多级标题法设置中所提到的那样，标题和正文之间需要进行适当隔离，与下级标题之间也需要一定的空间，不能直接列出标题后，就提出支持性的论点或者设置下一层次的小标题。作者在向读者表明“我在阐述新的话题”，或者说“接下来，我要开始讲述什么”的时候，最重要的是明确给出一段过渡句，这样就可以实现不同思想层次之间的自然衔接，可以将标题和正文更好地联系在一起，而不是生硬地牵扯在一起。

在写作文的时候，老师通常会教导我们如何承上启下，这是一种写作技巧，其目的就是让整体的行文更加规范和舒缓，所有的句子会带动我们进入各个内容或思想层次之中，而不是生硬地进行展示。

在章节开始的时候，如何将标题内容与下面的文章合理联结在一起，这是我们需要慎重考虑和处理的问题，而讲故事则成为一种非常可靠的方法，通过讲故事，文章可以将读者带入关键句和要点之中。

当然故事的展开同样需要遵循序言写作的原则，那就是说明背景、设置冲突并提出疑问，这三个步骤几乎是将故事铺展开来，并加强上下文联系的重要方法。

讲故事可以引出关键点，或者该思想层次内的核心观点，无论是文章的开篇还是章节开篇，都能够起到很好的铺垫作用。比如当加州政府想要提出“进一步提高汽车尾气排放标准”的观点时，先在发布的文件中提出了背景：“在过去20年，汽车尾气排放得到了有效控制，控制尾气排放指标的提出是加州政府最近几十年最大的工程之一。”

接着政府又设置了冲突：“很多汽车厂商都按照这种标准来重新设计了汽车的减排功能，但是在最近几年，尾气污染的情况并没有从完全意义上得到改善。”

之后就是疑问的提出：“为什么会出现这样的情况呢？政府在面对日益增加的汽车数量以及尾气排放量时，该如何制定新的策略来解决当下的问题？”

通过背景、冲突和疑问的设置，加州政府自然而然引出了一个最基本的观点，那就是进一步提高尾气排放标准，对汽车的减排功能提出更为严格的要求。

当主要观点或者核心观点提出来之后，我们则需要对这些观点进行解释和分析，或者说有必要寻求更多的论点，这个时候，我们对于各级标题的设置则需要把握住一些基本的技巧。比如作者往往会设置一个标杆进行比对，就像加州政府所做的一样，官员们或许认为自己在减排方面已经做得非常到位了，但是与其他几个州相比，可能并不能确定自己是否真的占据优势，因此在坚持原有减排标准的时候，必须弄清楚自己在横向对比中所处的位置，去了解自己在减排方面与其他州和地区存在什么不同，加州是否做得足够出色了，或者说还需要借鉴何种经验。

通过比对，也许加州政府能够意识到自己所做的一切在整个美国都处于领先位置，但是接下来他们必须评估一下自己提出的“减排标准”的方案，比如在过去几年，这些方案的实施给政府和企业带来了哪些压力和成本？又对加州的汽车产业提出了怎样的考验？面对这些潜在的疑问，加州政府不仅需要找到实施这类方案的理由，更加需要制定一个完整的资料库，得出实施这类法案的成本。

通过比对，而且也做出了各种合理的评估，并且在实施的过程中取得了不错的效果，但现在加州政府同样需要弄清楚两点：他们能否长久地贯彻和执行这样的标准？他们能够在尾气减排方面始终占据领先位置吗？所以他们必须在原有的减排标准上做出更具针对性的调整，必须对一些不合理的地方做出更大的改进。

很显然，通过讲故事（背景—冲突—疑问）的方式，加州政府不仅提出了“提高减排标准”的观点或政策，而且还提出了支持这个政策的几个实施方案：了解其他地区的减排情况并吸收经验，评估减排带来的影响，调整和改进原有的标准。

在这个过程中，读者实际上在故事的引导下，慢慢了解了文章的主要观点，并且也顺利地在过渡句中明确了解了各个理由和具体的执行方案。实际上这类故事带有介绍性的功能，目的就是引导和明确读者进入自己所在的阅读位置，并且顺畅地引出下面的各项内容和信息。

除了运用讲故事的方式来作为章节的开篇过渡句之外，常见的一些承上启下的方法同样能够实现有效的过渡。而这种方法通常比较简单，比如从金字塔结构前一部分中挑选出一个词或者一句话，或者对这一部分进行总结，然后将这些词、句子或者总结性的思想运用到下一部分的开头。在两“节”之间、两个“小节”之间，或者是两个“支持论点”之间，都可以采用承上启下的方法。利用关键词、句子或者思想来实现不同句子、段落之间的自然衔接和过渡，这种方式既确保了上下层思想层次的逻辑联系，也明确了同组思想的逻辑关系，对于文章的逻辑性、严谨性、流畅性都很有帮助。

过渡句常常出现在文章或者章节的开头，但是一旦章节内容较多，篇幅较长，我们在引出下文之前实际上最好先对这一章节的内容做一个总结，尽管我们在章节一开始或者章节标题上就已经提炼出了该章节的核心观点。换句话说，在按照金字塔思维来构建文本结构的过程中，我们实际上已经没有太多的必要再写一些总结性的文字或者对章节内容进行提炼了。不过我们同读者一样，实际上并没有做好那样的准备——在一大段文字结束后直接停笔，相反，每个人都期待着详细论述完之后，该有一个完美的收尾，这种提示多数时候只是一种心理作用，但在提醒读者阅读下文并且尽可能保证上下文内容衔接方面，能够给予心理上的提示和满足。

事实上，哲学家和心理学家早就意识到了这个问题，他们也提醒作者应该千方百计地在结尾设置一个心理触发机制，即让读者产生一种采取行动的需求和愿望，他们会在阅读之后获得必要的知识和提示，接下来读者会想要弄清楚自己所思考以及将要获得的东西。从这一层意义上来说，读者对于下面一个章节的内容将满怀期待，并且从心理上将其和这一章节的内容联系起来，而这其实就是一个非常巧妙的心理过渡。

需要注意的是，对于结论性段落的设置往往会陷入一个困境，即多数人都不能将这个段落写好，或者说多数人可能会将那些早已点明的中心思想或观点，重新不厌其烦地描述一遍，这样的写法显然违背了金字塔思维追求简单的初衷，如果真是如此，那么还不如不写。

另外一方面，当我们明确需要采取下一步行动的时候，就需要在文章中表现出这种倾向性，因此这个时候，我们在结束某一章节内容或者某一个描述性的观点时，需要重点花一点笔墨写一段结论性的章节。这与一般的心理提示不同，而是明确提示读者将在下一步采取的某种措施和行动，其目的和功能都是显性的。

比如我们在给领导或者客户提出一个非常好的方案时，大部分内容可能都是一些分析性的主张，而且我们完全有信心引导对方按照这个方案去做。这个时候，我们往往可以在方案的后面写出一个更具引诱性的章节，即下一步的行动方案或者措施。在这个具体的方案或措施中，我们可以提醒对方接下来应该做什么：做好实施方案的资金筹备工作，做好实施方案的人员调动工作，召开会议商讨具体的计划并组建执行队伍。

很显然，通过这种总结性的段落和章节设置，我们可以提示读者更多地进行思考。当然，和其他过渡方法一样，从本质上来说，无论是在章节开头讲故事还是运用承上启下的方法，或者在结尾设置一个最基本的总结性观点、段落、章节，这些都是为了确保能够抓住读者的思想以及关注度。与写文章的人不同的是，读者并不能像作者所要求的那样对所有的内容都保持清醒的认识和足够的了解，尤其是考虑到当他们阅读完一大段烦琐的文字或长长的一组论点后。因此我们在写文章的时候，需要利用一些过渡方法来把握读者的思想，及时将他们的关注点拉回到那些关键的内容上，确保读者不会在一大段的文字中迷失焦点，并时刻与作者保持思想上的同步。此外，作为一种内容衔接和心理过渡的手法，我们在进行过渡的时候，为了确保行文的自然和顺畅，也必须更加优雅地处理好这些文字。

【延伸内容】页面金字塔的展示规则

如果将一篇5000字的策划方案和一篇5000字的散文放在一起进行比较，相信很多人会更快地明确策划方案的大致结构，而对于散文中大致讲了什么往往一筹莫展，即便是换成一篇历史小说，类似于丘吉尔（二战时期的英国首相）的历史文学著作，恐怕也有一大半人在阅读之后难以总结出一个大纲。

而随着工作节奏的加快，现代商业环境要求查看文本的时间往往会被压缩在几分钟甚至一分钟之内，这个时候，将一大段看上去非常复杂的文字信息进行提炼会成为每一个文本写作者和设计者必须解决的问题。这样的问题所指出的实际上就是一种规则，一种页面金字塔的展示规则。也就是说，为了在页面上成功展示金字塔结构，作者必须利用一系列的规则来完善和完成这种展示，或者说让读者更加轻松地理解文本的内在结构。

在我和同事吉米·伯恩最初讨论金字塔思维的时候，吉米提出了一个重要的观点——文字引领，这并非只是简单地总结思想观点或者论点，而更加侧重一种结构性的提示和引导。在吉米看来，想要让读者弄清楚页面上的金字塔结构或者说看清楚页面的金字塔结构，那么作者在写作的时候就必须利用出色的语言文字能力以及特定的写作规则来引领这种窥探结构的行为。

文字引领的策略实际上就已经在制定某种规则了，而这种规则的制定在日常生活和工作中实际上或许早就存在，但很多人并未意识到它们的价值，并未意识到它们所带来的便利。在金字塔思维的探讨中，我们则有必要将这些规则一一展示出来，并以此来明确多级标题法、下划线法、数字编号法、首行缩进法、项目符号法等方法存在的价值。

——符号化

符号是文本写作和解读中一个重要的工具，恰当的符号设置能够更好地体现出文本所要体现的意思与结构，也能让读者理解字面信息的变化。正因为如此，在页面上展示金字塔结构时，符号成为一个不可或缺的工具，在商业文案制作中，符号几乎撑起了整个框架。比如我们常见的数学序号1、2、3、4以及（1）（2）（3）（4）；还有一些特殊的符号，比如下划线、项目符号。这些符号的存在看上去无关紧要，可有可无，似乎删除了也不会对文本的内容造成什么影响，但是对于读者来说，往往会增加理解上的难度。

比如纽约大学的多西教授是一个非常随性的人，他总是非常自由散漫地将所有的文字写在草稿本上，然后在演讲台上说得引人入胜。

但问题是当他给别人写演讲稿或者文案时，也是如此，完全是随心所欲地构思，对于那些试图在短时间内理解文本内容的人来说，往往很痛苦，因为整个草稿上不仅有多处删改，而且整个文本中几乎不存在任何数学序号的划分，这就意味着没人知道他将标题设置在哪里了，也没人能够一眼看出那些观点性的句子是什么。

关于这种阅读体验，我们可以找一个策划方案的文本，然后尝试着将所有的符号去掉再重新阅读，这时候我们就会发现原本一目了然的结构不见了，我们在面对黑压压的几千个字时，几乎立即就丧失了兴趣，更无法在短期内找出结构。

很显然，符号的缺失会带来阅读和理解上的困难，反过来说，这也是为什么很多人在描述文本思想观点和关键句的时候，要坚持利用符号来解决问题。恰如其分的符号有效突出了思想观点以及不同思想观点组建成的金字塔结构。

——层次化

对于金字塔结构来说，一个最基本的特点是层次性，可以说，层次性是整个金字塔结构得以存在的基石，也是金字塔中各思想观点与其分论点之间逻辑关系的展示。既然如此，那么在提到页面金字塔展示的规则时，就不得不提及文本的层次性，这种层次性的展示将决定读者能否在短时间内了解文本的结构。

比如当我们在设置一个主题的时候，通常需要设置各种论点来支持和描述这个主题，而一旦论点被提出来之后，我们又不得不想办法对论点进行解释和说明，最终形成不断扩散的趋势，而这种扩散就是打造文本层次的一种表现。所以我们会想到运用多级标题法来打造更加立体、鲜明的文本框架，并通过标题的展示来体现文本的层次感。

对于一些缺乏层次或者层次性展示不明显的文本，读者基本上很难从烦琐的文字中去挖掘更多有效的结构性信息，他们也不大可能像阅读小说一样，从中领悟那些层次。从这一方面来说，如何让文本变得更具层次感，如何运用规则来展示这种层次性，是作者需要重点思考和把握的问题，其结果就是出现“主题—章标题—节标题—小节标题—编号段落—项目符号”这样的层次结构。

——格式化

不可否认的是，一旦我们采用多级标题法、首行缩进法、项目符号法等多种方法来展示页面金字塔的时候，也就意味着我们正按照一种特定的结构和模式在写作。这也是我们经常会觉得各种商业性的文本或者文案设计都是千篇一律的原因，因为从本质上来说，我们都在按照规则行事，所以必须将自己的写作方式固定在某一个特定范畴内。现在，已经有不少人患上了文案报告恐惧症，他们讨厌看到文案、报告、策划方案等文本，并且开始喜欢上了自由风格的文学性文本。

但是从写作的角度来说，从页面展示的效果来说，格式化是所有类似文本写作过程中必须遵守的规则，假使我们不想被自己的老板炒鱿鱼，不想被客户疏远，就需要明确告知他们自己在说些什么，自己想要表达一些什么样的意思。所以我们需要动用那些页面展示的方法来构思自己的文本，将其按照特定的模式写出来，以便于读者的阅读和理解。

通常情况下，这种格式都是差不多的，以至于我们甚至能够从网上找到各种文案设计或者方案写作的范本。我们必须知道标题或者关键思想该如何设置，也必须清楚在何时运用何种方法来展示结构。

在进行页面展示的时候，文本的写作通常都必须遵守以上几种常见的规则，也只有这样，才能确保文本中的金字塔结构更加明确清晰地呈现在读者面前。所以对于文本写作的人来说，他们必须有效把握好自己的写作能力、思维方式以及规则之间的平衡性，一旦他们忽略了规则的存在，那么整个页面对于读者来说将会变得更加复杂。

第十章：PPT是最佳的形象展示

PPT演示是一场“秀”

金字塔思维看重的是各个思想之间的逻辑性和它们之间的相互关系，它主要是一种逻辑思维，而在对整个金字塔结构进行构建的时候，实际上就是一种建立在逻辑思维基础上的形象化展示。正因为如此，利用PPT演示来呈现金字塔结构是一种非常理想的方法，至少从视觉效果上来说，PPT演示比一般的页面演示更具吸引力。在我们展示金字塔结构的时候，PPT演示的确是一个惯用的方法，而且这种方法往往更加深入人心，也更让人印象深刻。但是在利用PPT演示的时候，很多人仍旧存在一个误区，那就是将PPT演示单纯地看作是图片展示，所以他们更习惯于简单地将整个金字塔结构展示在这些图片上。

比如我的同事杰瑞，就是一个地道的得克萨斯州人，有着西部牛仔的酷劲和直爽性格，他还是那种典型的动口不动手的交际族，能够用嘴巴说清楚的话，他坚决不会将其转化成一份报告或者一封信什么的。作为金字塔思维的拥趸，在某些时候，他与我的想法截然不同，比如相比于书面表达，他更加喜欢用口头表述来呈现金字塔结构，因为在他看来，利用PPT来演示金字塔结构几乎毫无技术含量，他不止一次晃着脑袋说："那是一个初级的幻灯片制作者都会做的事情，或者是一个初级办公人员每天必备的功课。"

很显然，事情并没有那么简单，或者说他将PPT演示看得太过随意和简单了，在这一方面，他或许还没有意识到视觉演示的难度。在这里我们姑且将视觉演示理解为PPT演示，而这种演示主要是面向观众，我们所要说服的可能也是一大堆挑剔的观众。如果设身处地地想一想那些在讲台上浑身冒汗的讲演者，就能够明白利用PPT说服别人是多么不容易，至少讲演者必须考虑到两个最基本的问题：自己的演示是否能够引起观众的兴趣？而这种演示是否具备持续吸引观众的能力？

这些可不仅仅是几张幻灯片就可以搞定的。反过来说，将PPT演示看成是幻灯片的播放，或者看作一个简单的工作，无疑是对PPT演示的误解。就像上面所说的一样，利用PPT来演示金字塔结构，是一种非常好的方法，但是一个最基本的问题是，演示者不能仅仅依靠这些图片来产生巨大的吸引力，或者说不能将演示当作是对图片的简单展示和讲解，为了保证观众能够感兴趣，他们需要做更多的工作。

这种工作实际上可以简单地理解为一场"秀"。好的PPT演示就应该是一场"秀"，因为在展示金字塔结构的过程中，观众的热情和兴趣点需要接受各种不同手法的刺激，而这种刺激多少都带有娱乐性。关于这一点，我们可以看看好莱坞明星们在镜头前的言谈举止，就能够明白他们之所以大受欢迎，可不仅仅是因为长着一张出众的脸蛋。

如果更进一步来理解，他们需要在电视节目或者电影中展示得更多才行。这个时候，他们需要依赖各种完美而奇特的故事、剧本以及一些科技元素制造的视觉效应，而故事情节中的时机把握、悬念设置、节奏推进都是制造娱乐性的关键，这些对于PPT演示会起到很大的辅助作用。

在页面演示中，我们常常会写出一大段的文字，这些文字甚至可能达到几千字之多，一些篇幅较长的文案，即便是将那些主要的观点一一描述出来，也会占据大量的文本空间。这个时候，提炼句子变得很重要。比如小布什总统曾经在2005年提交了一个法案初稿，这个初稿涉及保险改革，而改革措施主要分为10条，如果我们将这10条改革措施当作金字塔结构中的论点或者分论点来处理的话，那就必须考虑到读者是否能够接受每条高达几千字的信息量。很显然，将其直接纳入到金字塔结构中根本不可靠，直接放入到幻灯片中更是会制造大量的视觉垃圾（毕竟没有观众愿意坐在台下看幻灯片中一大段黑漆漆的文字），倘使小布什真的在国会上当着议员的面这么做了，那么肯定没有多少人对这个提案感兴趣。

大量的文字会破坏幻灯片的作用和演示效果，也会让整个PPT演示过程变得乏味且低级，至少没有多少人能够在如此繁复的内容中寻找出内在的金字塔结构。尽管不少人仍旧死板地认定了这种饱和的文字演示方法可以避免信息的遗漏，但对于观众来说，实在太过痛苦。归根结底地说，PPT展示仍然是一场“秀”，一场类似于明星表演的

“秀”，为了取悦观众，演讲者不仅需要提供非常有吸引力的内容，还需要培养自己的演讲能力以及调动观众情绪和积极性的技能。

从这一方面来说，在运用PPT进行演示的时候，演示者需要把握几个最基本的原则：

——简洁明了

对于演示文稿来说，运用30张幻灯片来介绍5000个字，这显然是对金字塔结构的践踏，所以演示者在进行幻灯片展示之前，就需要做好提炼和总结工作，将最重要的、适当分组以及总结后的思想进行提炼，以最简洁的方式说出来。

就像我们在描述照相机强大而清晰的照相功能时，没有必要花费太多的字数来描述它的像素以及出众的技术，有时候只需要说“它让你的毛孔也无处遁形”，这种语言风格不仅有趣而且足够简练，让观众一下子就能感受到相机强大的照相功能。

——图文并茂

对于PPT，我们不能将其当成是一个切割成页的电子文档来看待，也不能单纯地将其当成是一页页的图片展示。简单来说，字数太多会破坏PPT的展示效果，字数缺失会影响观众的理解，因此最佳的方案就是图文并茂，这也是增加娱乐性和吸引力的关键，它可以保证整个金字塔结构在展示的过程中不至于显得太过枯燥和乏味。按照一个正规的演示标准来说，图片应该占据PPT的90%，而文字最好控制在10%左右。

——剧本展示

一个好的演示文稿，不能仅仅是说明某一个观点，或者讲述某一件事，为了确保整个演示过程更加顺畅，也更具魅力，演示者需要提前对演示文稿进行设计，要在演示文稿中呈现出一个成熟且有趣的故事梗概，或者说展示出一个大概的剧本。这种展示可以促使演示者成为一个讲故事的人，而当讲故事与幻灯片有机结合起来之后，演示就会变得更加引人注目，这也是PPT演示作为一场表演“秀”的重要原则。

很显然，我们需要重新界定PPT演示的方式，需要明确观众所关注的焦点是什么，然后合理设计自己的演示方法。换言之，我们必须让这场“秀”变得更加具有煽动性和吸引力，只有牢牢抓住观众的眼球，我们才能确保整个金字塔结构可以以一种更加令人印象深刻的方式被记住。

图表是PPT幻灯片的主要内容

1995年，克林顿总统提交了一份1.6万亿美元的预算，国会在讨论这个提案时，简单地提到了这些数字，但对于多数人尤其是普通民众而言，他们对这种天文数字的敏感度还不够高，或者说没有多少人会真正意识到1.6万亿美元究竟意味着什么。

《华尔街日报》在某种程度上给出了一个更好的解释，他们直接将这些数字转化成为更容易被人理解的事物：“如果你把1美元的钞票一张接一张地摆起来，1.6万亿美元钞票的总和够不够到月球的距离？答案是：没问题，还会剩下几十亿美元的钞票呢。事实上，这些钞票的总长几乎够得着地球到太阳的距离。想象一下，有一列火车装满了1美元的钞票，每节车厢50英尺长。要想装满国会每年消耗的1.6万亿美元，这列火车要多长才行呢？一节车厢可以塞进6500万美元，这样的话，火车必须有240英里长，才能使联邦预算平衡。换句话说，火车的长度足以贯穿整个东北走廊，以华盛顿为其首，途经巴尔的摩、特拉华、费城、新泽西，尾抵纽约市。”

接下来更让政府感到难堪的是，有人依据这种解释特意制作了一些图画。第一幅画的画面中是地球和月球，而中间是一张张首尾连接的1美元钞票。另外一幅图则是装满钞票的火车摆放在地图上，地图的坐标标明了华盛顿、巴尔的摩、特拉华、费城、新泽西、纽约。

经过这些图画的形象描述之后，民众显然更加直观地意识到1.6万亿美元对这个国家意味着什么，现在所有的人似乎都愿意相信正有一大把的钱被政府肆无忌惮地挥霍掉。而国会也不得不重新审核这个预算，有议员在幻灯片中展示了这些图画以便于讨论，并且标注了文字：“这是令人恐慌的数字。”

很明显，相比于逻辑思维，形象思维在视觉上的影响力更强，这也是为什么很多人更愿意借助PPT向别人展示图画而非大量文字。相比于文字来说，观众更容易记住图画，而且有时候图画可以承载更大的信息量，并提升幻灯片的趣味性。相比之下，一些针对性更强的简单图表，往往更可以展示出文字所难以呈现出来的效果，而这个优势使得图表成为幻灯片上的主角，它们几乎是最常出现在幻灯片上的图画。

通常情况下，演示者会运用饼图、条形图、柱状图、曲线图或散点图来呈现某个结构、流程或者数据。有很多人对于图表的存在价值并不清楚，事实上，图表在多数时候都可以作为一种复杂关系的解答。

比如上面有关克林顿总统的预算问题，国会如果能够仔细进行讨论，就需要对这些信息进行分解。实际上这个预算涉及了很多方面，即这些钱都花在哪儿了，每一个项目上的开支情况是如何的。此外，克林顿总统还郑重声明，这笔钱比1994年增加了500亿美元，比1993年增加了1200亿美元。这里又涉及了一个对比的问题。所以将这个预算设计成图表的话，实际上，它需要回答以下几个问题：

● 组成部分包括哪些——这笔钱花在哪些方面？

● 数量上具有何种比较——和整个国家的开支相比，这笔预算占了多少比例？各个项目的开支有多少？

● 如何变化——与前几年相比，这笔钱是增加了还是减少了？

● 如何分布——各个项目之间的开支比例是多少？

● 各项之间关联性是什么——不同的项目之间具有什么联系？

需要注意的是，对于不同问题的回答应该运用不同的图表，比如说明组成部分的问题、数量比较以及如何分布的问题时，可以用饼状图，这种图表适合表达比例；说明变化问题可以使用条形图或者曲线图。演示者需要对不同的问题做出针对性的设置，并且利用这种图表解答来表现出自己的论点。

之所以要利用图表来回答和解释某些问题，不仅仅在于图表可以更加直观地体现出相应的内容，而且能够更加形象地表现出信息；也不仅仅在于它可以承载更多的信息量，重要的还在于图表可以表达一些文字难以说明的数据和逻辑关系，在这一方面，图表的确占据很大的表达优势。

当然，最佳的模式就是图表与文字相互结合，图表占据主要位置，而文字则可以起到总结的作用。也就是说，图表的作用虽然是为了解答问题以及表明观点，但在信息传达方面，还需要利用文字来进行讲解，从而保证观众能够更加清晰地理解幻灯片中的图表。所以演示者需要设置一个完整的陈述句或者一个带动词的短语来作为标题，而且这个标题必须如实反映出图表中所提示的内容，或者说这个标题就是图表解答问题时的答案。这样设置的目的就是保证所传递的信息与观众的视觉印象基本一致。

而且，标题的设置能够缩小范围，将观众的注意力集中在某一个点上。比如在条形图中，我们可以将克林顿总统在1993年（1.48万亿美元）、1994年（1.55万亿美元）、1995年（1.6万亿美元）的预算分别呈现出来。如果没有标题的话，观众或许会产生多种解读：最近三年的预算一直都差不多，根本没有太大区别；在经济不景气的时候，政府还在增加不必要的开支。

而设置“政府开支过于惊人”的标题则可以明确一点：那就是这些年的开支很大，而且还在逐年增加，这对国家来说，是一个负担。

从演示的角度来说，一个好的图表能够更加直观地展示出演示者所要传达的意思和观点，也能够突出演示者的思想层次。从娱乐性的角度来说，图表的设置可以更加多样化，而不仅仅是一些简单的数据比对和数据展示，或者说我们不应该仅仅懂得将图表作为幻灯片的图画展示内容，在必要的时候，一些更加有趣，一些更具启发性和更引人关注的图片同样可以用来制作成幻灯片。

PPT幻灯片的文字设计

作为展示金字塔结构的主要工具，文字是整个PPT演示中必不可少的一个元素，但是PPT上的文字表现并不像页面上展示金字塔结构那样直接，毕竟对于页面来说，它有足够的容量来显示这些观点和内容，但是在追求简洁以及以图表展示为主的幻灯片上，并没有足够的空间来设计更多的文字。

正因为如此，每一个演示者都需要明确自己的功能和地位，即整个演示过程中，演示者才是主角，才是这场表演秀的明星，在场的每一个观众所关注的焦点应该是演示者本人，而非幻灯片上的信息。或者说演示者必须尽可能地发挥自己的功力，将所有的吸引力都集中在自己身上，而这就需要更多技巧性的展示，这种技巧就决定了实际讲稿和文字幻灯片的区别。

我们可以对照一下诺基亚公司内部的讲稿和文字幻灯片展示。

实际讲稿如下：

诺基亚公司的手机业务遇到了重大的挫折，在智能机快速发展的今天，它根本无法像苹果、三星那样无论是在硬件还是软件方面都赢得人心，其市场份额的下降不可避免，其衰败的趋势也难以在短时间内止住。具体来说，诺基亚手机走向衰败的原因有以下几点：

1.对于新技术的接受速度缓慢，尤其是在系统开发上故步自封，沉迷于老旧的塞班系统中，导致产品在体验上落后于苹果和三星公司。

2.对于消费者的消费需求和市场变化反应太慢，导致大量的客户流失，并且永久性地失去了原有的市场份额。

3.对未来发展方向的不明确，导致它缺乏一个正确的、持久的发展方案，而这使得诺基亚手机在触屏手机时代显得犹豫不决，缺乏精准的定位和目标。

4.不注重新产品的开发，缺乏足够的创新意识，导致产品的更新换代速度迟缓，并最终影响了企业的技术发展和进步。

这种演示稿可以用在页面中来展示，但是如果利用PPT来演示的话，就需要做出调整，最明显的一个调整方向就是尽可能地简化文本，将其压缩凝练成一个简洁明了的幻灯片。

诺基亚手机持续走向衰败

- 拒绝新技术
- 市场反应太慢
- 方向不明确
- 不注重新产品开发

一个好的演示者善于利用幻灯片尽可能简单地传递信息，他们不会将文字滥用在幻灯片上，或者不会将一些无关紧要或者太过复杂的句子直接搬上幻灯片。尽管幻灯片并没有实际讲稿那么详细，那么更容易让人理解，但能适当地将实际讲稿转化成讲稿大纲或者更为凝练的句子的形式。在实际演示的过程中则可以进行扩展和发挥，确保整个演示过程的娱乐性和趣味性。

为了构建和呈现金字塔结构，我们提倡的原则就是尽量让文字幻灯片成为主要论点的载体，这就决定了一张幻灯片该如何设计文字内容，并要求这些文字能够发挥出应有的提示功效。

——文字简短

一个容易被人忽略的事实是，多数人都对幻灯片上密密麻麻的字感到困惑和烦恼，无论是在会议中还是日常的PPT演示中，过多的文字设计都会让观众感到无所适从，毕竟没有多少人愿意花费时间和精力在一大段文字上提炼出结构。

最新的一项调查研究表明，85%的人在制作PPT时都显得不够规范，很多人声称自己会在一页幻灯片上至少塞进去50个单词。一个常见的误区是，我们总是认为越多的单词会带来越详细的解释，但实际上在幻灯片演示的这场表演秀中，演示者才是主体，他们有能力做出一些扩展性的发挥。而对于幻灯片来说，它的使命就是一种简单的提示，因此字数的限制也就显得很有必要。

一般情况下，没人会对满屏的单词感兴趣，而最好的幻灯片总是将单词数量限制在30个左右，而且还要确保单词不会超过6行。这个时候，整个幻灯片的界面会显得干净清爽，而观众也更容易记住幻灯片上展示的内容。

需要注意的是，这种简短性的原则也对演示者的写作技巧提出了一些要求。比如尽量避免使用长串单词，尽量避免出现技术性术语，尽量不要将词组复杂化，任何增加信息量或者提升复杂性的词汇和数字都会分散观众的注意力。事实上，我们可以非常直接地在幻灯片上呈现出“5700万美元”的字样，而不是木讷地将“56982451美元”这样的数字毫无变化地写出来，因为过于烦琐的数字表达会让观众感到头疼。

——一张幻灯片一个论点

在幻灯片上呈现的金字塔结构永远都是一种相对最简化的结构，这种简化性主要体现在幻灯片与论点的搭配上，通常情况下，我们不提倡过度的节省或者信息拥挤。如果有人觉得可以将两三个重要论点杂糅放在同一张幻灯片上，并因此而觉得这是一种更为节省的方式，这就大错特错了。观众追求的永远都是简洁，两种或者两种以上观点的一同出现，会导致信息混乱，这反而不利于他们对金字塔结构的理解。

比如幻灯片上经常会出现“中心思想和关键句要点”，我们可以这样进行设计：

××××××××

×××××××

×××××××

×××××××

在提到一些支持性的观点或者关键句要点时，可以这样来设计版式：

1. ××××××××

（1）××××××××

（2）××××××××

（3）××××××××

鉴于文字经常要和图表进行配合，或者起到讲解图表的作用，在展示图表的时候，可以在图表上方写出相关的论点。而无论是怎样一种版式，都有一个基本的共同点，那就是它们都在阐述某一个论点。

——论点是一个完整的陈述句

前面我们强调了一点，那就是讲稿的标题并不适合用作文字幻灯片，因此标题性的语言不适合成为论点。在设计幻灯片上的文字时，我们所采取的策略就是运用一两个词或者简单的陈述句来提出观点。

比如在讲述市场开发的课题时，往往会涉及“市场潜力”这一个话题，这个话题实际上就可以作为一个标题语言，但是用在幻灯片上就显得不合时宜了，因为观众并不清楚市场潜力究竟是好是坏，并不清楚演示者提到市场潜力时的动机和想法是什么，最好的方法就是直接写成一个完整的陈述句：市场潜力很大。

——字体要大

当演示者站在幻灯片前讲解的时候，他有能力将所有的字看清楚，但是对于观众来说，情况可能并非如此，考虑到一些会议室的格局，离幻灯片较远的观众可能无法清晰地辨别幻灯片上的单词和数字。事实上，我们不能指望演示者完全依靠个人表演来吸引观众，毕竟整个表演秀实际上还是建立在幻灯片的内容上进行的。或许有人会辩称这是刻意而为之，目的是展示幻灯片内容的复杂性，但这样的做法无异于让原有的复杂情况变得更加难堪和复杂。如果观众连字都看不清楚，或者连内容都没有看明白，就不要妄图他们能够接受这一次的表演了。

一个需要重视的问题是，演示者必须确保最后排的观众也能够轻松看清楚幻灯片中的内容。实际上我们可以计算最远一位观众到屏幕的距离，然后来设计应该存在的合适字体。一般来说，西方人更习惯于运用公式来计算字体大小，具体的计算公式就是距离除以32。在这里，32是一个具有魔力的数字，如果我们距离屏幕的最远距离是16英尺，那么屏幕上的字号必须设定为0.5英寸。

——不可或缺的娱乐性

如果我们打算取悦观众，那么就不要死板地仅仅将一些数字或者观点呈现出来，换言之，我们必须设计出更为吸引人的文字版式。通常来说，一些出色的演示者会合理布局文字的位置，他们对于字体的颜色、字号的大小、文字的趣味性都有独到而精准的把握。

一个让人沮丧的调查结果是，高达68%的人认为幻灯片看起来大同小异，几乎没有多少区别，他们中的很多人甚至觉得大部分幻灯片可能都是按照某一种或者几种固定模式展开的，就像套公式一样。这恰恰证明了很多演示者创新能力的不足，或者对于个性化、趣味性PPT演示的认识不足。事实上，我们完全可以采取更多、更有趣的设计方式来设计文字幻灯片，使观众更容易对这些文字产生兴趣，并且更好地理解各思想观点之间的逻辑关系。

除此之外，展示方法的巧妙变化也会增加演示过程的趣味性和娱乐性，比如演示者的声调、表情、动作，以及对于思想观点突破性的解释，而逐层展示的方法同样会让演示过程变得更具层次感和趣味性。比如微软总裁比尔·盖茨就多次在幻灯片上进行逐层演示，他会将一张幻灯片切割成几个部分，然后在播放的时候，先展示最重要的内容，再展示次要内容，以此来凸显出幻灯片中的主次结构和层次划分，尤其是在文字幻灯片中，这种方法更能够凸显出整体的层次感。

以上几种原则和方法的介绍，实际上就是为了确保整个文字幻灯片能够变得更具吸引力，能够更容易被观众所记住并理解。只有这样，才能保证整个金字塔结构的呈现变得更加顺畅和简单。

以讲故事来推动演示的进程

一旦确定了文字幻灯片和图表幻灯片的制作方法，我们就可以顺利制作演示文稿。而演示文稿并不是单纯地将那些幻灯片一页页播放出来，为了保证演示文稿更加引人入胜，就需要对整个文稿进行精细制作和设计。

那么什么样的演示文稿才最受欢迎呢？就像之前提到的那样，一个有魅力的演示文稿，通常都必须具备一个成熟的故事梗概，或者说它必须像讲故事一样进行展示。这样的展示方法对于演示者的要求很高，演示者需要转变立场和思维，将自己定位成一个讲故事的人。2012年，Facebook创始人扎克伯格去德国参加一次科技会议，结果在会议上被一个演示PPT的德国小伙子深深吸引住，所以回国后他花了大价钱“买”下了这个演示者，并正式聘用他为Facebook公司内部的演讲培训师。或许我们会觉得扎克伯格只是一时头脑发热，但是如果联想到PPT演示对整个公司以及客户的巨大作用，就会明白他的着迷和冲动并非毫无理由。

更确切地说，如果PPT演示只是一场展示金字塔结构的秀，那么演示文稿就是保持这场秀的重要剧本，如果没有剧本的存在，没有像讲述故事一样的流程，那么整个演示文稿将会失去趣味性和吸引力。因此，有人将好的PPT展示比喻为一场令人感到愉悦和兴奋的直播或者是一场电影般的视觉盛宴，这些并非毫无道理，而推动这场视觉盛宴的关键要素就是演示文稿的故事性。

如果以故事的模式来包装整个演示文稿，或者说直接将整个演示过程当成讲故事的过程，我们可以遵循特定的步骤。比如在通常情况下，我们需要先写出一个详细的序言，作为演示文稿中引领整个金字塔结构或者整个故事的一个重要部分，序言（背景—冲突—疑问—答案）的好坏直接决定了接下来的故事走向，或者说决定了演示文稿能否按照讲故事的模式进行展示。因此演示者必须想办法将自己所要说的词汇以一种自己所希望的顺序写下来，它必须兼顾顺序性以及完整性，确保不会有重要的信息被遗漏。当演示者尽可能详细地列出所有希望传达的词语时，还可以明确一下序言中所得出的答案是否迎合了观众的提问或者疑惑。

序言的写作有助于引出演示文稿的下文，考虑到利用幻灯片呈现整个金字塔结构的时候，必须遵从金字塔的结构，而这种结构决定了讲故事的顺序，因此演示者需要依照某种固定的结构顺序来进行演示。具体来说，就是将每张幻灯片都按照金字塔结构从上往下的顺序与形式进行写作，先从序言开始，明确序言的各个要素，得出一个重要的思想观点；然后以此描述各个关键性的论点，以及支持这些关键句的下一层次观点。通过从上往下的方式，整个演示文稿的故事性将会变得更加强烈，而幻灯片中所展示的金字塔结构也更加鲜明和清晰。

了解基本的结构是讲故事的一个基本原则，但讲故事的方法同样非常重要。对于演示者来说，他需要明确所展示的内容，以及这些内容的类型和内部的关联，这样一来，他才能够确保呈现出最合理的样式，才能够确定自己将采取何种方法来表达观点。其中包括：什么时候、什么内容该使用何种幻灯片，这些幻灯片该用什么样的文字去修饰，该如何设计文字，如何挑选合适的图表进行说明。

接下来，演示者需要对演示文稿有一个充分的准备，毕竟在整个PPT演示过程中，人虽然是主题，但是最基本的道具还是幻灯片，它们才是引发演讲的基础，而为了确保演示过程的成功，首先一点就是要尽量将所有的幻灯片讲稿排好顺序，要按照讲故事的流程进行安排，保证在讲解的过程中不会出现遗漏、顺序颠倒、重复播放的失误。只有保持顺畅不犯错，整个演示过程才会呈现出讲故事的效果，也才会像讲故事一样让人顺畅舒适。

当以上这些规则性的步骤完成之后，我们需要回归本质，那就是把握演示文稿的内容。事实上，在演示文稿中，文字和图表是最重要的内容，而如何设计这些内容将决定演示文稿的视觉效果，所以在明确演示流程之后，就需要对幻灯片进行精细加工和设计，尽量使其做到简洁、美观且富有吸引力。不过，关于幻灯片的设计，实际上考验的是演示者的PPT制作能力、审美能力以及对观众心理的洞察能力，所以这种设计应该尽量保持特色，而不是简单的抄袭，甚至是模式化。

一旦完成以上步骤，演示者就基本上把握住了展示的方法，也基本上能够将整个金字塔结构以一种讲故事的方式呈现出来。不过，想要确保不出错，想要确保流程的顺畅，演示者在正式演示之前需要重复进行排练。就像乔布斯一样，他经常会花费几个小时的时间进行排练，而这样做的目的很简单，就是为了让演示变得自然流畅。

事实上，并非所有的人都习惯按照这些步骤行事，但是无论如何，当演示者想要以讲故事的形式来呈现金字塔结构的时候，或者希望以故事和剧本来推动演示过程的时候，都需要明确所有演示的故事梗概，即幻灯片的顺序、内容与基本设计。一些临时性的演示文稿通常会更加简单，在应对一些内容不多、篇幅不大的PPT演示文稿时，演示者同样会进行简化。比如他们会在白纸上划定不同的区域，然后在这些区域中按照顺序写入自己的观点，并简单做出标注，哪些区域需要文字幻灯片，哪些区域适合图表幻灯片。这种简化的处理方法同样可以用来制作演示文稿，不过演示者必须具备强大的演说功力和表演功力，而且对于内容、时机、节奏、气氛的把握绝对是大师级别的。

【延伸内容】乔布斯的PPT演示

在最近几年时间里，苹果公司每一次的新产品发布都会引发世界足够的重视，而这不仅仅是因为苹果产品拥有独特的魅力，更是因为乔布斯在发布会上创造的绝对影响力。至少在乔布斯时代，新产品发布会堪称是年度盛宴，几乎全世界最重要的媒体都会被吸引到这里来，而决定这一切的往往是乔布斯出色的PPT展示技巧。

严格来说，乔布斯并不是一个真正意义上的营销学专家，甚至可以说他在这一方面做得并不尽如人意（库克在营销方面才具备优势），但他堪称一个大师级的PPT展示者。在产品发布会上，他几乎每一次都会引起全世界的关注，几乎都会完美地展现出新产品的魅力。他所展示的技巧就在于利用PPT打造一个完整的金字塔结构，而这个结构恰恰是整个新产品发布内容的浓缩。

如果对乔布斯的新产品发布会进行分析，就会发现他最擅长使用PPT将自己所要表达的信息以一种类似于电影的方式呈现出来。在他的演讲中，几乎集合了大片所有的元素——英雄、反派、配角、震撼的视觉冲击，这些往往会成为介绍产品发布的背景，而且他还像电影导演一样用图板将所有情节串联起来，推进演讲。

比如他会尽可能地制造一个反派角色，或者提供一个共同的对手（比如1984年的IBM，进入新世纪以后的三星公司），然后引入剧情冲突，最终引起听众的共鸣，而且将消费者吸引到“英雄”（自己的产品）这边来。乔布斯所做的就像经典电影的叙事方式那样，引领着观众和听众一步步进入剧情的节奏。更进一步进行分析，就会发现这种展示类似于金字塔的序言结构，目的是设置好的剧情来引出相关的主题。

而通过冲突的设置，乔布斯能够顺利引出听众的疑惑：“我为什么要关注这个产品？它究竟有什么地方吸引人？”在引出问题的同时，乔布斯非常清楚自己所要销售的是隐藏在产品背后的利益点，而他实际上非常善于利用PPT来聚焦这些利益点。所以当听众发出“我为什么要购买iPhone”的疑问时，乔布斯会自然而然地在PPT上列出相应的特点：它的运行速度足够快。当听众疑惑“时光胶囊”的伟大之处究竟在哪里时，乔布斯列出的理由是“将自动保存丢失的照片和视频”。当听众对Mac产生疑问时，他会借助PPT的优势列出“爱上Mac的十个理由”。

在设置背景、冲突、疑问之后，乔布斯对于发布会主题的描述变得成熟而自然，而且主题非常明确，即对于产品的定位非常明确。乔布斯非常了解消费者最在意产品具备什么特性，所以他会针对性地明确这些主题。

在定位主题的时候，乔布斯采取了简化的方式，用最少的字来进行概括。乔布斯更喜欢使用照片和图片，再搭配少量的文字来阐述自己的产品。事实上，我们可以想象一下在一页PPT上塞进去几百个字或者几千个字是什么感觉，我们可以想象一下当领导看到幻灯片上密密麻麻堆了一大堆字会是什么表情，或者说，我们是否想过仅仅用一句简单的话就可以将产品的性能和服务完全介绍清楚吗？通常情况下，以比较严格的要求来设置，我们在制作每一页PPT时，可能会将文字简化成40个字左右，但在乔布斯的每一页幻灯片中，有时候找出7个单词都会显得很艰难。很显然，同其他人将幻灯片上的文字刻意复杂化相比，乔布斯更加崇尚极简主义，他最擅长的是仅仅用一句话来介绍自己产品的定位。在2008年，乔布斯推出苹果公司的笔记本电脑时，只说了一句介绍性的话：“世界上最薄的笔记本。”

在2001年10月23日的iPod播放器发布会上，为了宣传这款全新的便携式播放器，他需要将播放器中的各个关键元素纳入到自己的讲解中去，其中包括简单便捷、重量不足千克、硬盘达到5GB、革新性等，这是一个信息含量相对较大的内容，我们也许会用一大段文字加以描述，即便是那些概括能力最强的人，也难以将这些元素全都浓缩在一句话中。但是乔布斯几乎用一句话就做出了精准的阐释：“iPod播放器，能把1000首歌装进你的口袋里。”这句话简单生动，让人印象深刻。同样，在2007年，苹果公司推出iPhone手机时，乔布斯在发布会上的宣传口号是：“苹果重新发明了手机。”而提到产品性能时，他在PPT上只说了一句话：“敏捷得惊人。”需要注意的是，这些文字描述都是一些陈述性的文字，而不是标题性的语言。

另外，绝大多数人在制作幻灯片时，都会采用20磅的字体，以便能够在幻灯片中挤进更多的文本。在他们看来，PPT的重要功能是一个文字的载体，或者类似于一个可展示和播放的文本，却忽略了PPT本身追求的就是简单明了，而且它的目的就是为了通过播放幻灯片的形式来提升关注度。所以乔布斯要做的就是利用几个简单的大字体来吸引注意力，尽最大可能造成视觉冲击，让人记住自己所要展示的东西，通常来说，这些字体都不小于30磅。

为了增强突出结构的效果，乔布斯还非常注重颜色的搭配。比如几乎每一次发布会上的幻灯片，他都会选择蓝灰色（苹果灰）做底色，这种布局能够给人以力量感和稳定感。然后搭配白色字体，从而打造了独特的单色幻灯片，让PPT显得更加简洁大方，而且还为图片、图标留下了足够的颜色空间，也能够突出主题。

正因为如此，所以乔布斯演示的PPT画面非常清爽简洁，简短而引人注目的标题，能够有效突出发布会的思想层次和结构，也能够引导听众跟随他的思路进入下一步所要陈述的内容。相比于文字叙述，乔布斯更加注重图像效应，他总是在幻灯片中大量使用图标，而不是文字，这就像电影播放一样，毕竟人们对于影像和图片的记忆要远远强于对文字的记忆。比如2008年6月，乔布斯在iPhone 3G手机发布会上，一共展示了11张幻灯片，只有一张幻灯片中出现了iPhone 3G的字样，其余的幻灯片全部由照片组成，逐一展示和讲述iPhone 3G的特性。

正因为如此，幻灯片成为他最常用的表现方式，但他非常注意幻灯片的使用，而不会滥用。如果认真观察和分析，就会发现整个发布会上通常只有10页幻灯片。更重要的是，这些幻灯片的持续时间不超过20分钟。考虑到人类的大脑不可能长时间对某一个事物或者某一个话题产生持久的兴趣，乔布斯通常会花10分钟左右的时间来介绍一个新产品或者产品的新功能，10分钟之后就会进行切换。

不仅如此，乔布斯为了确保在这10分钟之内能够更好地吸引听众的关注，一直都在提升PPT的趣味性。在2007年的Macworld大会上推出iPhone时，为了展示手机上的谷歌地图功能，乔布斯在手机上找到了当地的星巴克商店清单，然后直接说："让我们打一个试一试。"拨通电话后，乔布斯大声对电话那一端说道："我要订4000杯拿铁咖啡，不，只是开个玩笑。"

事实上，乔布斯非常注重演讲的技巧，更加注重在PPT演示的时候加入一些个人的表演，在这一方面，乔布斯堪称大师中的大师。他善于运用电影艺术中的夸张手法，表现出一些略带夸张的表演方式，我们可以看到他经常在发布会上使用一些年轻而口语化的词语，比如令人惊异、棒极了、难以置信，他会声情并茂地描述自己的产品——

“高贵的颜色”“令人叹为观止的画质”，或者干脆说“我们把屏幕上的按钮做得漂亮到让人忍不住想要舔一舔”。这样的表现方式，能够有效提升演说的感染力。

这种趣味性让PPT充满各种娱乐性，也让整个发布会变得更加具有吸引力，但乔布斯为了保证发布会的严肃和庄重，为了让自己的PPT更具说服力，他往往会巧妙运用一些数据，比如阐释产品的相关数据，比如告诉观众上一款产品卖出了多少，或者告诉观众苹果产品的市场份额。

在乔布斯的PPT中，文字和图片的巧妙结合，更能够唤起对信息的回忆，也就是说，观众和消费者更容易记住这种形式下结合的内容。另外，在整个PPT中，乔布斯很形象地展示了金字塔结构，然后对这个结构进行演讲，以此保证内容能够最大限度地被观众所接受。

第十一章：文字版本的金字塔

文字记忆与图像记忆

在第二章《感官化思维的影响》一节中，我们提到了左脑和右脑的功能，简单来说，右脑负责将外在的信息进行“图像化”，通过自己所见、所听、所感，并形成一个主观的印象。很显然，对于那些右脑发达的人来说，他们可以轻而易举地将自己所接触到的信息转化成为图像，以便于记忆和理解。

心理学家发现某一类右脑发达的人总是习惯性地一边阅读一边构思，重要的是，他们常常能够找到一种快速记忆的方法，这就是记忆图像，而记忆图像的形成显然正是阅读过程中不断进行构思的结果，他们会在大脑中快速形成一个图像，以用来总结和巩固自己所接受的知识。那么在下一次，他们可以依靠图像反向地还原自己所理解的内容。

在生活中从来不乏记忆高手，那些所谓的记忆天才，常常能够将自己阅读的内容一字不漏地复述出来。看起来这很惊人，但是不是意味着他们的大脑真的就比常人更加发达呢？至少目前并没有相关的证据表明这些天才的大脑在构造上与常人有什么太大的区别，唯一可以解释的是他们在记忆中运用了一些巧妙而高明的技巧，其中一项就包括对文字进行图像化处理。

毫无疑问，这些人的右脑非常发达，所以他们非常善于处理那些随意的、想象的、直觉的以及多感观的影像。对于他们来说，哪怕是别人说了一段话，或者给出了一段文字，他们都会在短时间内想方设法将自己接触到的文字或者听到的话，直接转化成为图像。这样一来，他们就能够按照自己的兴趣来理解和分析这些内容了，而这种方法实际上非常重要。

现在我们或许还记得“蠢人丹尼尔”的故事。丹尼尔是一个没有脑子的家伙，总是把事情搞得一团糟，他甚至无法记住别人对他说过什么话，因此免不了会干一些不招人喜欢的傻事。为了改变形象，丹尼尔决定改造自己，这种改造在于他绝对能够将别人说给他听的故事、交代以及其他一些事情全部画下来。

这就是蠢蛋丹尼尔能够做的事情。而无论是我们的父母、祖父、老师或者是其他什么传授经验的人，都将丹尼尔的作画行为当作是一个笑话，直到今天，这个故事仍旧在影响我们以及我们的孩子。但是今天当我们重新看待这个故事，重新看待丹尼尔时，发现那个最蠢的人也许并不是丹尼尔，而恰恰是我们自己。很显然，相比于口头的描述或者文字记忆，图像记忆更加稳定、更加直观，也更加持久。如果在一些文字内容较多的情境下，可能我们这些所谓的“聪明人”就什么也记不起来了，而通过图画来记忆的丹尼尔则能够更加轻松地复述那些事。

很显然，多数人都忽略了图画记忆的功效，或者我们更愿意相信自己能够通过死记硬背来记住那些信息，而这样的想法和做法无疑都会让我们在记忆中缺乏效率。单纯的文字记忆法的确很折磨人，我想没有多少人愿意死记硬背，因为那样的强制性记忆效果并不好，而且很容易忘记。倘使让我们重新回顾一下自己曾经背过的书，那么很多人实际上连最简单的句子也已经记不起来了，尽管当时我们可能在几分钟之内就能顺畅地将全文背诵出来。甚至于我还尝试着背诵马克·吐温所有的短篇小说，事实上在某种程度上，我花费了大力气，而且大概完成了其中的二十多篇，但现在我几乎什么也记不起来了。当然，如果我能够意识到那些短篇小说的故事性，并将其转化成图像，那么情况可能会有所改善。

最明显的例子就是当我们在阅读一些普通论文和一些故事性比较强的小说时，总是更容易记住小说中的内容，甚至更容易背诵出小说的文字。尽管从写作的角度来说，无论是普通论文还是小说，都是由一些最基本的文字构成的，但为什么不同单词或者文字在组成不同的文本后，我们的记忆力会发生改变？其中很大一个原因就在于当我们阅读小说的时候，头脑中的画面感更强，至少随着剧情的深入，我们更容易将小说中的人物和场景在头脑中进行图像模拟，到最后我们会形成一幅比较清晰的画面。而对于普通的论文来说，这种情况并不容易出现，由于过于枯燥的文字和一些技术性术语的存在，我们更多时候只会依靠基本的阅读法来进行背诵和记忆，那么记忆的难度自然会更大，而记忆的效果则要差很多。

无论如何，将文字进行图像化处理，可以保证记忆变得更加高效而持久。此外，考虑到大脑对于词汇的容纳还是有限的，我们很难在短时间内记住更多的词汇，而与文字相比，图像作为信息载体的容量更大，就像小时候接触的看图说话一样，简单的几幅画就可以写出一篇几百个单词甚至几千个单词的作文。这就证明了图像作为信息载体的一个巨大优势和作用，它可以轻易就将一大堆的信息或者大量事实综合成非常简单抽象的概念，也能够更加直观地理解所接触的信息。

图像与文字的转化

在古希腊诗人荷马所著的《伊利亚特》第21卷中，有这样一段文字：

现在，特洛伊人也在那片泥地上成群地回跑，但赫拉降下一团浓雾，布罩在他们眼前，挡住他们的归路。与此同时，另一部兵勇挤塞在水流深急的长河，银光闪亮的漩涡，连滚带爬地掉进水里，发出大声的喧号；泼泻的水势滔声轰响，两岸回荡着隆隆的吼啸，伴随着他们的嘶喊，四下里荡臂挣扎，旋卷在湍急的水涡。像一群蝗虫，飞拥在空中，迫于急火的烧烤，一头扎进河里，暴虐的烈焰闪跳着突起的火苗，蝗虫堆挤在一起，畏缩在水面上。

就像这样，迫于阿基琉斯的追赶，咆哮的珊索斯河中，深深的水涡里，人马拥挤，一片骚乱。其时，神明养育的阿基琉斯把枪矛搁置河岸，靠贴着柽柳枝丛，跳进河里，像一位超人的神仙，仅凭手中的利剑，心中充满凶邪的杀机，转动身子，挥砍四面的敌人。特洛伊兵勇发出凄惨的号叫，吃受着剑锋的劈打；水面上人血泛涌，殷红一片。像水里的鱼群，碰上一条大肚子海豚，匆忙逃离，填挤在深水港的角落，吓得不知所措：那家伙，全都被吞进肚腹。

就像这样，特洛伊人沉浮在凶险的水浪里，葬身在河壁的底层。

这段文字描写了宏伟的战争场面，虽然字数并不算多，但是想要记住这些文字内容也绝非简单的事情，如果我们能够采取更为合理的方法来记忆，那么所有的记忆工作将会变得更加轻松。这种合理的方式就是在大脑中画图，也就是说在阅读文字的过程中，尽可能地将所理解的每一个字、每一句话、每一个段落转化成为图像。

按照这种方法，我们可能就会对《伊利亚特》中的这段文字有着更加感性的直观的认识。首先我们会看见一部分特洛伊人在泥地里往回跑，但是路上被降下了一团黑雾。另一些特洛伊士兵则在大火的燃烧下拥挤在湍急的河水中挣扎。接着我们看见阿基琉斯将枪矛放在岸上，拿着利剑跳入水中乱砍乱杀，特洛伊人为此感到了深深的恐惧。

这种记忆方法会形成一幅鲜明的战争图画，这种画图的过程就像是不断在添加细节和色彩一样。随着阅读的深入，我们在大脑中形成的图像也会越来越清晰，所有的细节和情节都会变得更加细腻，这就是记忆图像。当我们形成了“特洛伊人在浓雾、烈火、河水、阿基琉斯的截杀中挣扎”这样一幅幅图画后，再按照图画所提示的内容，就可以反过来轻松地回忆起整段文字所讲述的内容。尽管未必能够真的做到一字不漏，但是我们会发现自己的记忆有了一种依靠，这种依靠来源于我们大脑中形成的图像，而这个图像会不断提醒和帮助我们一点点回忆起那些段落，以及从段落中提取的那些重要信息。

这就像看《伊利亚特》的电影一样，一旦我们看到了电影呈现的画面和图像，就能够轻易对他人复述这一惊人的战争场景。但是单纯地通过阅读文字和记忆文字，可能会遗漏一些重要的信息。

尽管我们知道图像可以帮助我们加深印象和对事物的理解程度，但一个很现实的问题是，并非所有读者都是右脑发达的人，并不是所有人都能够做到边阅读边构思，并且形成记忆图像。而且也并非所有的文章都是神话故事、小说或者其他故事性很强的文本。对于任何一个写文章的人来说，恐怕从一开始，他们就能够意识到一点：“我们不能要求别人做到同样的事。”

想要让读者看到作者所描述的图像，那么首先作者本人就应该确保自己能够看到这些图像，或者说在头脑中就要将所有的思想观点和内容形成重要的图像。一旦作者形成了图像，就可以将所有的图像转化成容易理解的文字，而读者在阅读这些文字的时候，就能够重新在大脑中画图，或者说将隐藏在其中的图画进行还原。对于右脑发达或者喜欢构思图像的读者来说，这是一件非常轻松愉悦的事情，而且通过重新画图，他们更能够深入作者的内心世界来理解那些思想观点。

我在哈佛商学院发表讲话的时候，突然联想到了一个词——“图画种植”。我想让作者本人看见自己所说的内容，然后将产生的图像转化成文字叙述出来，这个过程就是一个“图画种植”的过程，目的就是让读者在阅读文字的时候，挖掘出隐藏其中的图像。

图画种植并不好掌握，对作者来说，这是一个急需解决的问题，那么如何才能制造记忆图像，又如何将这种图像转化成文字，并及时传达给读者呢？这里面涉及一个最基本的要素，那就是各个思想要素或者各事物之间的内在联系，这种联系即事物之间的逻辑关系，它们最终为完成金字塔结构的展示奠定基础。

我们可以对《伊利亚特》中的故事重新回顾一下，就知道作者已经在故事中设定了这些关系，而读者在阅读的时候也会从文字中发现这些关系的存在。比如一开始就是特洛伊人经受了浓雾的困扰，并因为大火的袭击而困在河水中，从最开篇就可以得知一些基本的关系：

浓雾——特洛伊人

烈火——特洛伊人——河

随着阅读的深入，我们又会得知阿基琉斯跳入河中砍杀敌人，这个时候我们就更加清晰地了解之前所有的一切实际上都是为了将特洛伊人赶入河中，进行截杀。实际上，整个故事的顺序和逻辑性原本就被作者精心设计过了，正是因为通过对各种关系的把握，作者在头脑中制造了很强的画面感，并最终将这些画面转化成为清晰的文字。细心分析的话，就会发现这些文字往往把握住了画面中那些关键元素和点，并最终形成一个更容易被读者理解的结构。等到读者阅读之后，自然也就更容易形成一个图像，并以图像的形式存储所吸收的知识。

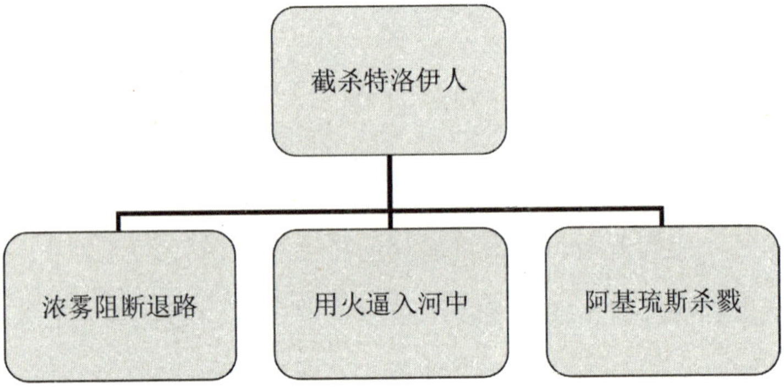

总的来说，作者必须在一开始就懂得把握事物之间的关系，并熟练转化图像与文字，从而在字里行间埋下图像的影子。这就像是一个非常灵敏的触发机制一样，当读者进入阅读模式之后，就会触发这个机制，然后内在的图像会迅速建立出来，而通过对图像的认识和理解，读者能够明确了解整个文本的框架和金字塔结构。

【延伸内容】左脑和右脑的协调

金字塔思维是一种非常实用的思维模式，但既然是一种思维模式，那么就需要运用到我们的大脑。尽管这听起来像是说废话，但实际上如果我们愿意更加深入地分析大脑的思维方式和思考过程，就会明白我之所以这样说，正是为了更好地在字里行间展示金字塔结构。

而在本章当中，我们重点讨论的是文字与图像之间的巧妙搭配和转化，这种搭配和转化的背后实际上就是人脑思维运作的一个重要模式。1981年，生物学家、医学家斯佩里博士做了一个令人震惊的实验：为了验证左右脑之间的区别性和关联性，他在手术中切断了患者的位于左右脑连接部的脑梁，然后挡住其左视野，在其右视野放上画或图形给患者看，患者几乎轻易就说出自己看到了什么图像。可是，当斯佩里遮挡住患者右视野，然后在左视野前显示数字、文字、实物，尽管谁都知道这些东西的读法非常简单，但是患者无论如何都没有办法用语言说出它们叫什么。

由于右视野同左脑相连，而左视野同右脑相连，因此斯佩里得出了一个观点：左脑负责语言、文字、逻辑、分析之类的工作，而右脑更加倾向于对图像、几何、直观的信息进行处理。正因为如此，我们经常将右脑称作“图像脑”，而它最强大的功能就是处理图像。那么文字处理又依赖什么呢？当然是我们的左脑，左脑对于文字的感应非常敏锐，它最擅长的工作就是文字分析和逻辑分析。在科学家看来，左脑应该被称为“文字脑”，其主要功能在于处理文字和数据等抽象信息，具有理解、分析、判断等抽象思维功能，有理性和逻辑性的特点。

在正常的情况下，左右脑各自扮演角色，也各自承担责任，可以说是分工明确，两者之间完全呈现出不同的思维模式。比如，当我们遇到一段正在描述牛吃草的文字时，通常多数人会使用左脑进行分析——因为那是它的工作——我们会想要弄清楚那是不是一头牛，它是如何吃草的，吃的是什么草，这段话中是否还具有其他隐藏的信息。或者说，我们可能会采取强制记忆的方法来背诵这段文字，以方便我们将这些话复述给其他人听。从这一方面来说，左脑的确是兢兢业业地工作，而且它在文字分析方面的确具有很强的优势。

但是右脑则不习惯于做这些枯燥的工作，它从来都是一个创造性比较强的角色，让它对着一大段文字来背诵，这并不是它的特长。心理学博士诺瓦克这样描述右脑的功能："右脑更习惯于想象，它会在大致阅读文字之后，依据里面的内容，自动呈现出一头牛吃草的画面，为了更加形象生动，右脑会创造出湛蓝的天，碧绿的草地，悠闲自得的牛，甚至还会联想到一头牛咀嚼青草的声音。"

通过对比，我们能够比较清晰地明确左右脑的工作范畴，这种不同也导致了左脑与右脑在记忆方面的差别。左脑对于文字的记忆更加抽象化，但是这种记忆的难度可能比较大，而右脑由于将事物进行图像化，所以印象更深一些。事实上，科学研究表明，人脑的记忆模式就像录影带一样，大脑中的大部分记忆，都是将情景以模糊的图像存入右脑之中，这几乎是我们记忆中最重要的方式。

也许我们都会有这样的想法：在金字塔结构展示方面，图像似乎更占一些优势。但实际上也并非总是如此，因为无论是口头表述还是书面写作，金字塔结构都会以文字的形式出现（我们所说的话也是一种口头文字）。对于文字处理能力更强的左脑似乎更能够提炼和布局重要的思想观点。图像的展示功能最重要的还是在于记忆和存储，也就是说我们对于所接触到的知识更容易以图像的形式进行接受以及存储。

而且正如同前面所说的那样，左脑更加看重文字的分析，因此它在分析文字中各个要素、各个观点的逻辑关系方面占据很大的优势。一旦我们将这种逻辑关系的把握运用到图像编辑中来，就会加速图像的形成，并且更容易被读者理解和吸收。因此左脑和右脑实际上需要进行完美的配合，这样才能更好地展示金字塔结构。即便是在字里行间展示金字塔结构，也同样需要确立一定的画面感。

另外，从思考的本质来说，所谓的思考，原本就是左脑一边观察右脑所描绘的图像，一边将其符号化、语言化的过程。所以左脑具有很强的工具性质，它负责把右脑的形象思维转换成语言。爱因斯坦曾经说过："我思考问题时，不是用语言进行思考，而是用活动的跳跃的形象进行思考。当这种思考完成以后，我要花很大力气把它们转换成语言。"关于这一点，在我们的写作中，在我们解决问题所需方案的设计中，都需要运用右脑的形象思维能力，同时也需要左脑的分析和转化能力。

正因为如此，左脑实际上和右脑是密不可分的，它们的存在并不像我们所想的那样是分离开的。只不过在日常生活中，我们对于左脑的利用比较多，而对于右脑的使用则比较少，这就导致了我们在思维上的一些缺陷，比如在记忆上的欠缺，而这种记忆能力的缺失又不断迫使我们采取死记硬背的方式来理解自己所接触到的知识，这在无形中加重了左脑的负担，最终让我们的思维变得更加迟缓、呆滞，且缺乏活性。

所以在我们进行思考，包括运用金字塔思维的时候，都需要运用到左脑和右脑，而且还必须尽可能地将两者搭配起来使用。只有这样，我们才能够协调好自己的思维，才能够在文字和图像中实现自由切换，并确保文字中的结构被读者所理解。

附录1：

金字塔思维不是万能的

作为一种重点突出、逻辑清晰、主次分明的逻辑思路、表达方式和规范动作的思考方法，金字塔思维常常被很多人当成一种万能钥匙，认为它可以解决思维上的任何问题，可以处理各种棘手的事情。在我学习这个方法之后的数年时间里，很多机构和个人打电话来咨询，他们的问题各式各样，但核心的内容是一致的，就是想要确认金字塔思维能否解决他们所面临的问题，或者怎样用来解决那些问题。

从企业管理的咨询、学习方法的总结、工作的解决之道，到一些简单的生活小提示，他们都乐于借助金字塔思维来进行处理。这种现象使我既感到欣喜，又感到忧心，因为这个世界上并不存在任何一种足以解决任何问题的思维方法，可以说任何一种思维方法都有其特定的范畴，金字塔思维作为一种应用广泛的思维方法，实际上也有自己特定的范畴，它不可能成为我们生活和工作中的万能法则。

金字塔思维更适合那些有规律可循或者存在严密的逻辑性的事

物，或者说适合我们运用逻辑思维去解决的事情，而且相比于其他采用逻辑思维进行分析的思维方法来说，金字塔思维在解决那些比较复杂的问题时具有更大的优势，尤其是面对一些战略性的重要问题时，我们更加需要一整套严肃的、严谨的、科学的、立体的逻辑思维。比如克罗森集团（一家医药公司）准备进行海外扩张，很难想象总裁艾尔・克罗森会在下午的某个时刻拍拍脑袋就做出决定，或者让副总裁罗姆在短时间内拿出一个具体的方案。事实上，在打电话向我咨询之前，他们已经花了差不多三个月来考虑这个项目。

他们必须思考和解决各种各样的问题：集团现在是否有必要进行海外扩张？应该用哪些产品打入国际市场？集团主要进入哪几个市场？集团该如何进入市场，具体的执行步骤是怎样的？进入国际市场后的后续运营计划是怎样的？诸如此类的问题，显然不是一个简单的预测和评估就能处理好的，打造一个全面而且有条理的思维模式就显得非常重要，既要把一个很大很复杂的问题一步步细化，确保各个重要方面不能遗漏，同时又要保证这个细化的过程是有章可循的。这种情况下，金字塔思维往往可以发挥出很大的优势。

这就好像是计算机的运作系统一样，它会构建一个庞大的数据结构，既能够确保访问到每一个数据点，又可以保证所走的路径是按照一定章法的，而这种模式有助于我们更好地分析问题。不过出色的处理问题的能力，并不意味着金字塔思维就是一种万能的法则。

事实上，我们通过对金字塔原理的本质进行分析，就会明白这是一种典型的分解方式，也就是说一个论点可以分为几个论据，一个事物可以分为几个部分和结构，一个问题可以从几个方面入手，一种任务可以依靠几种方式来解决。这种拆分模式是构建金字塔思维的关键，但实际上这种思想结构是建立在推理的基础上进行的，而这些推理有时候并不是绝对正确的，因此我们的观点在很多时候同样会缺乏说服力。

此外，金字塔思维的分解方式是典型的机械力学的思维模式，从物理学的角度来说，这就是牛顿物理学的产物。在这种思维模式下，我们会本能地认为事物无限可分，是由各种部件组成的，就像一台机器是由多种零件拼装成的。将这种牛顿力学的思维模式加入到日常生活和工作中来，自然也就产生了先总后分的层次分解法，因此我们会习惯性地将自己所面对的事物和问题分解成更小的结构来进行分析，比如公司有总部（总裁办、战略规划等），有下面的各个业务部门（销售部门、研发部门、检验部门），有支持部门（人事部门、行政部门、财会部门）。这样的思考往往比较完整、比较严密，无论是在表达、思考、管理方面都能够起到重要的作用，这也是金字塔思维得以存在和推行的重要原因。它让金字塔思维看上去更像是一种规范，它将各种事物放入一个固定的思维框架之中，思考者只需要按照框架和结构的内在逻辑，将自己要描述的内容一点点填充进去就行，最后等到整个体系变得更加饱满即可。

这种规范在某种程度上来说束缚了我们的思维，一旦有了明确的结构，一旦有了一种固定的结构，一旦要按照特定的逻辑和顺序进行思考，我们将无法运用更加富有创造性的方法来解决问题，我们所做的一切都会成为一种常规模式，都会成为一种意料之中的事情。这样可能会让我们的工作丧失魅力，丧失更大的灵活性。

比如说文学创作，实际上最优秀的小说、散文和诗歌，往往不是按照金字塔思维或者其他固定的思维结构创造出来的。我们可以看看亨利·米勒的小说，你会觉得那些话就像喝醉酒的情况下写下来的，或者那只是作者在说梦话。海明威以及其他伟大的作家也是一样，没有人按照一种特定的非常严密且有逻辑性的框架来写书，因为没有人会愿意看那种机械性很强的文章。作家在设计自己的文章时，并没有按照某个固定的模式来写，也没有将自己约束在某种框架下来创作，相反，他们会尽可能地跳出框架，会想办法创造新的格局和一些与众不同的方式来写作，最终达到吸引别人的目的。

从创作的角度来说，往往需要加入更多感性的元素，而金字塔思维追求极致的理性和逻辑，追求一种模块化、结构化的思路，这样反而会压制个人的创作天赋和欲望。广告设计和其他艺术创作也是一样，伟大的、成功的作品可不是从某一个模子里刻出来的。这些艺术性很强的东西通常都缺乏逻辑性，或者说它们根本就不需要太多的逻辑性。

广告大师乔治·路易斯就说过："在我的内心深处，我常常说，如果做广告是一门科学，那么我就是一个女人。科学和技术显然影响并塑造着广告，但是说到底，广告是一门艺术，它来源于直觉，来源于本能，更为重要的是，来源于天赋。"我们可以看一看那些世界上最优秀的广告，它们更多时候展示的都是形象思维或者感官化思维。

日本山叶钢琴为了促进销售，打出的广告语是："学钢琴的孩子不会变坏。"只要稍做分析，就会明白这句话存在很大的逻辑问题，根本经不起推敲，事实上有很多学习钢琴的孩子同样会犯法。但是这句话却打动了那些担心孩子成长问题的父母，他们很快就决定买下一架钢琴送给孩子。

现在可以想一想，如果广告设计者使用金字塔思维来进行思考和设计，那么广告中出现的将会是对钢琴材料、制作工艺、制作理念等产品特征进行细致的介绍，或者说对弹钢琴的优点进行罗列和分析。这样一来，整个广告就显得繁冗、沉闷和平庸。无论如何，在广告中运用金字塔思维并不明智，这样不仅让整个广告的故事变得死板，格局变得更小，而且也让广告失去了灵性。

在其他一些追求主观创作的领域内，金字塔思维的功效同样值得商榷，比如哲学领域内的思考就绝对不能依据太多的逻辑思维，金字塔思维的存在只会让整个哲学体系变得庸俗。总而言之，在一些强调形象思维或者注重主观发挥的事情上，金字塔结构就显得太复杂、太模式化了，这时候它反而不利于我们对问题的思考和解决。

比如在做选择题的时候，我们在初步分析之后，往往会在第一时间内产生一个可能性最大的答案或者选项，这就是一种直觉。在有足够的计算和推理能力且在时间允许的情况下，我们可以采用金字塔思维进行分析，但是如果我们没有办法在短时间内从A、B、C、D四个选项中做出正确的抉择，那么最简单的方法就是相信自己的直觉。

尽管这种做法并不合理，毕竟我们没有更好的办法来证明这个答案一定就是最好的，但让人感到困惑的是，这种近似于蒙的做法，往往有着很高的正确率。哥伦比亚大学的一位教授曾经就给60个学生出了一道很难的选择题，限定的时间为5分钟。5分钟之后，只有20名同学选择了正确的选项，而在这20名学员中，有17人都认为自己是依靠直觉做出判断。

在面对一些时间紧迫而又需要我们快速做出反应的事情的时候，金字塔思维同样难以在短时间内奏效，尽管有很多公司提倡“电梯30秒”的沟通定律（在30秒内尽可能说出某件事的大概情形），但这个定律的前提是我们对于自己所说的事情有了一个熟练的构想。而在一些突发性事件面前，金字塔思维往往会成为一种累赘，因为多数人根本没有足够的反应时间做出判断，也没有足够的反应能力来做出选择。一般情况下，依靠个人主观的判断或者直觉反应成为最佳的选择。这些直觉往往也是建立在充足的知识积累以及有效的分析基础上的，我们之前所积累的经验、知识、分析的能力都已经在努力寻找问题和答案之间的某种“关联性”，而不必借助金字塔思维来重新进行搜索和组织。

所以，在面对各种问题的时候，不要惯性地就将金字塔思维作为思考和解决问题的唯一方法，在面对那些艺术性、创造性强的工作时，在面对一些紧急情况的时候，金字塔思维并不是一种非常合理的方法。

除了一些需要运用感性思维、形象思维的工作之外，金字塔思维在某些特定场合，同样会受到一定的局限。

2017年1月23日，美国新上任的总统特朗普签署了行政命令，正式宣布退出《跨太平洋伙伴关系协定》（TPP）。在此之前，奥巴马总统及其团队都呼吁特朗普要加快美国加入TPP的步伐，为此双方多次会面，而且奥巴马总统还详细地制订了一份文案，主要是围绕着美国加入TPP后的各种好处。

这份结构性非常强的方案完整地介绍了加入TPP的理由，它拥有一个完整的金字塔结构，但是特朗普并没有因此而被说服，原因就在于特朗普早在竞选总统之时就明确表示“美国加入TPP是国家潜在的灾难”，他从根本上就反对奥巴马政府的计划。正因为特朗普一开始就对提议和方案表示抗拒，所以奥巴马采用的金字塔思维根本没有起到任何作用。

这其实就凸显出了金字塔思维的一个局限性，那就是一旦对方对表达者的观点不赞同，那么金字塔思维在表达中的作用就会变得很弱。事实上，“结论先行”是金字塔结构的一个重要原则，当结论被他人否定和排斥之后，表达者在提出结论后的任何支撑性的论据都显得多余而且无力。

同样的道理，如果读者或者听众需要在了解更多的论点之后，才会明白表达者的思想，那么这个时候，同样不适合使用金字塔思维，因为表达者的结论和思想根本无法吸引到对方的关注，对方也就根本不会花太多的时间来听更多的解释和论据。

所以，对于结论先行的金字塔思维而言，一旦别人对相关的结论不感兴趣，甚至产生排斥，那么对于表达者来说，他们就必须尝试着做出改变，最好找到一种新的方法和策略来表达和说服他人，而不是死守金字塔思维，这样只会降低自己的说服力。

附录2：

思维导图的运用原则

英国思维训练专家东尼·博赞曾经提出“给你的思维画一幅导图”的理念，这是他给世界带来的新观点。作为一个信息处理能力很差的人，他在整个大学期间都为信息的接受、整理、记忆等问题所困扰，这也促使他思考一种更为简便的方法来解决这些问题，而这也促成了思维导图的成形，即以放射性为基础的收放自如的思考方式，就像渔网、河流以及人类的神经分布一样。

每一个人都有属于自己的思考方式，但这些思考方法实际上往往具有放射性的特点。简单来说，当我们接触到某一事物，或者某个资料进入大脑之后，就会自然而然成为一个思考中心。就像我们去巴黎旅行时所见到的那样，整个巴黎的正中央就是一个中心，而其他所有道路都是由这个中心向四周进行辐射的。

这种放射性思考是人类的天性，就像我们对于一段文字、一段音乐、一种食物、一根线条的思考也可以得出成千上万个关节点一样，这些关节点既与思考中心相连，而且也会形成自己的中心主题和辐射空间。这种层层辐射的结果就是我们在思考的过程中会积累大量的知识，或者说是数据库，同时大脑会借助这种思考模式将数据进行分层分类管理，从而提升存储和运用的效率。

在很多时候，人们会运用这种思维模式来解决问题，当它开始图形化的时候，这种方法其实就成为思维导图，作为一种表达发射性思维的有效图形思维工具，它在展示各级主题关系方面堪称简单有效。

● 图文并重，用相互隶属与相关的层级图来表现各级主题的关系，并把主题关键词与图像、颜色等建立记忆链接。

● 充分运用左右脑的机能，利用记忆、阅读、思维的规律，协助人们在科学与艺术、逻辑与想象之间平衡发展，从而激发大脑潜能。

思维导图是金字塔思维中的一个重要图形工具，可以更加明确地指出相关文本的金字塔结构。而一般来说，常见的思维导图包括以下几个方面：

1.流程图

2.组织结构图

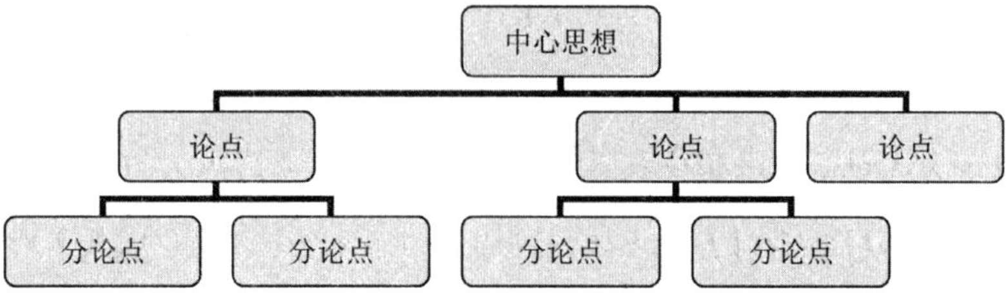

3.树状结构图

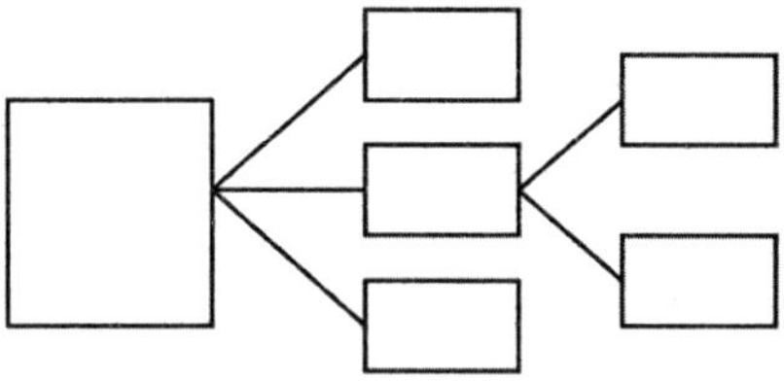

4.气泡图

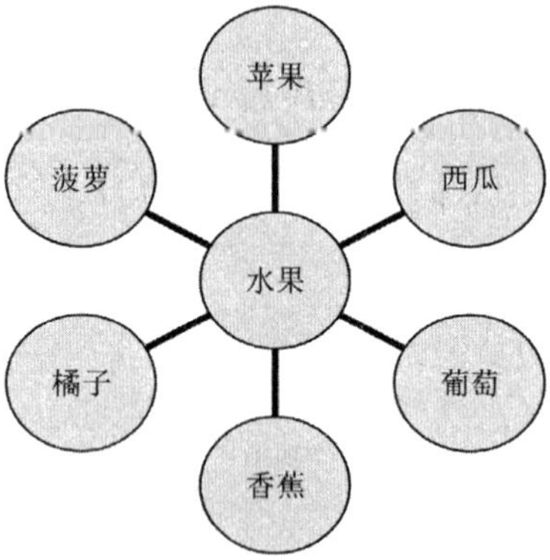

5.同心圆

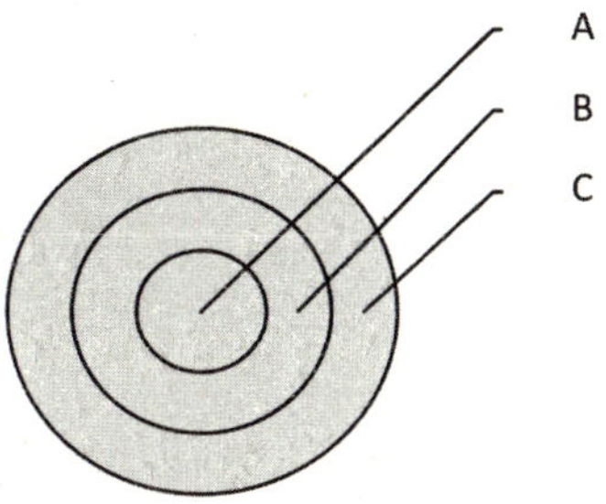

以上几种是金字塔思维中常用的相对简单的思维导图，如果对这些思维导图进行分析，就能够发现思维导图其实就是用分格、画线的方法厘清思维的秩序，使得关于思维的沟通变得更有效，从而提高人与人之间的思维互动，进而使得整体和个体的思维都得以提升。因此可以说通过对思维导图的设计，读者能够更加明显地了解各个思想要素之间的逻辑联系，也能够更好地理解整个金字塔结构。在日常生活和工作中，思维导图的运用非常广泛，为我们提供了一个正确而快速的学习方法与工具，而它在创意的联想与收敛、项目企划、问题解决与分析、会议管理等方面，通常给我们的工作带来极大的便利。对于那些能够熟练运用金字塔思维法的人，他们的思考技巧、记忆力、组织力与创造力都得到了大幅度的提升。

有鉴于此，我们需要了解一些思维导图的具体绘制方法：

——准备好足够的空间

如果我们准备在白纸上进行绘制，那么首先要注意的就是确保整张白纸的格式是横向的，主要原因当然是横向纸张比竖向纸张能够容纳更多信息，也方便匹配我们广阔的视野。通常情况下，我们能够在容量更大的横向纸张上做出更加全面的布局，也能够及时了解辐射出去的思维信息。当然，为了凸显出不同的要素，我们需要一些彩色的水笔对不同要素和放射路线加以区分。如果是在电脑上直接绘制，那么同样需要遵守“大空间”“大布局”的原则，并配上一些颜色鲜明的艺术字。

——给中央图像添加分支

作为一种放射性思考，思维导图的设计实际上是从一个引发联想的事物开始的，因此在作图的时候，首先要给这个位于中央的事物做一个简单的图像，也就是所谓的中央图像。随着大脑联想的不断铺开和深入，整个思考会呈现出层层扩散、层层分解的状态，这样就会在头脑中形成一个大致的结构，但是对于思考者来说，妄图一开始就建立起事物的结构并不现实，至少我们没有办法一开始就建立起一个合理的结构。我们唯一要做的就是确保自由联想的势头，让自己的思维发散得更快、更加合理，随着大脑的联想，事物的分支会慢慢铺展开来，结构也就慢慢形成了。为了确保结构的稳固性与合理性，我们可以在分支之间自由移动和切换，并且适当添加新的分支。

——区分主干和分支

对于思维导图来说，并没有一个固定的结构和模式，一旦大脑的联想能力得到增强，联想到的分支也会越来越多，这个时候整个图形的复杂程度会得到提升，而这种复杂性则会让很多读者混淆主干与分支的界限。为了区分主干与分支，我们在设计主干的单词时，最好运用大写字母，而对次级分支上的单词可以使用小写字母。当然运用不同颜色也同样可以区分主干和分支，只要能够让读者一目了然即可。

——加入关键词和图片

在思维导图绘制中，我们通常都强调左右脑的协同作战方针，左脑负责文字信息处理，右脑负责图像处理。之所以会有这样的要求，主要是因为我们在绘图的过程中往往要加入一些关键词和图画，尤其是在扩散和添加分支的时候，关键词的说明和图画的展示至关重要，它们是构成分支并展示分支内容的主要元素。这样一来，所有的分支和文字、图片形成一个有机整体，并且也更加便于记忆，我们几乎可以在短时间内就了解整个思维导图所展示的基本结构。

——建立联系

一旦我们设定了主干和分支，并且制作了一个简单的思维导图，就需要从整体上来进行审视与检查。这种检查是为了寻找思维导图内部内容的关系，包括分支之间的关系以及分支与主干的关系，接下来我们应该用连线、图像、箭头、代码或者颜色将这些关系一点点表现出来。这种检查有助于我们沿着中心思想进行延伸，并能够发现新的主题，而这个新主题的关系被理清楚后，又可能会产生更多的分支。

——把握娱乐性

思维导图的绘制往往充满了鲜明的色彩、生动的想象、自由的思维方式，这些要素实际上更容易打造一个非常轻松的氛围。所以对于我们来说，在绘制思维导图的时候，应该放松自己的大脑，尽量避免“用力”思考或者强迫式、沉浸式的思考，一切都要随心随意，不要给自己的思维增加任何压力，不要给自己设置各种条条框框，完全按照自己真实的、自由的想法去联想和设计。必要的时候，我们需要来一点舒缓的音乐，需要突发奇想地做出一些新奇的改变，这些娱乐效果无疑增强了我们对于信息搜索、整理、管控的能力，而我们也就能够设计出一个更加全面的、富有创造性的思维导图。

——复制与学习

我们能够找到或者设计出更好的思维导图，但这并不意味着我们需要将所有的精力耗费在创新上，倘使有可能的话，我们更希望减轻自己的思维负担，这种减轻并不意味着完全意义上的抄袭。事实上，思维导图的变化很大，但基本结构大体一致，所以我们一旦遇到了比较出色的思维导图，就可以进行复制和效仿，然后对复制后的图像加以改造，而大脑也足以从中寻找到那些尚有改进空间的地方。而且学习别人的新方法和新概念，也可以有效改善自身思维导图的设计能力和技巧。

——不要轻易抹杀荒诞的想法

不得不说，很多奇思妙想都是源于天才们最初的荒诞想法，但多数人都不能完全掌控这些想法，也不会意识到它们究竟有多么伟大和重要。事实上，思维导图的设计讲究创新，因此一些荒诞甚至愚蠢的想法很可能会给我们的思维带来重大的突破口，或者说我们或许能够在这些奇思妙想的引导下创造出新的范式。

——添加鲜艳的色彩

对于读者来说，他们并不一定就像绘制者本人一样对思维导图产生很大的兴趣，这种情况通常会带来潜在的威胁，他们甚至没有任何太多的兴趣来弄清楚这些思维导图中究竟在讲些什么，呈现出了何种关系与结构。为了保证所有的思维导图能够引起读者的兴趣，我们在绘制思维导图的时候，必须成功运用色彩心理学，运用更加鲜艳的色彩来凸显出思维导图的结构与层次，并增加阅读性。

除了以上几个必要的方法之外，在绘制思维导图的时候，最好保持头脑的活跃和心情的舒畅，因此良好的空气条件、幽雅的工作环境、宽广的空间都成为非常重要的条件。当然，无论怎样，最重要的还是应该确保整个思维导图新颖、突出，这样才能够更加鲜明地体现出最基本的结构，或者说能够成为金字塔思维中的一个合格的指示性工具。

后　记

之前，我在西雅图参加了一次学术交流会，各个领域的很多人才都出席了这次交流会，他们谈论了各自领域内的一些新的信息、新的主张，以及一些新的规划，包括商业领域、政治领域、文化领域内的各个话题。

交流会看起来举办得很成功，但在交流会临近结束的时候，西雅图当地的一位学者艾米拉女士突然提出了一个通俗的观点：“如何保证思维的正确与高效？”这个话题听起来几乎与整个交流会的内容、气氛格格不入，至少没有多少人对这个话题感兴趣。事后，有人觉得艾米拉女士只是不想当晚自己什么话也不说罢了，当然情况并非如此。

有一天，艾米拉女士给我打了一个电话，她很伤感那一晚上没有人认真听她说了些什么，因为多数人只看重自己所要表达的内容，只看重自己正在思考的东西以及期望借助思考来实现某个结果，却忽略了一个最基本的问题：我们的思维是为自身一切言行服务的，而思考方式决定了我们能够得到什么。可以说，我们言行中的各种错误，首先归结于我们思考时出现了纰漏。

实际上回想那一晚的交流场景，就会发现很多人虽然提出了不错的想法，但是在描述的时候，却出现了啰唆、散乱、重复、遗漏的情况；有的人说了半天，却没有点明主旨；有的人说了很多好点子，但是这些点子之间并没有什么必然的联系。很显然，当晚每个人都沉迷于别人讲了些什么好东西，都沉迷于别人有什么好的想法，却没有人注意到这些话实际上漏洞百出。其中的原因就在于，从一开始，他们就没有认真进行构思，就没有对各种即将表述的内容、准备解决的问题进行合理的组织，可以说多数人的思维从一开始就是混乱的。

艾米拉女士认为一个不够严谨的思考方式，往往会让问题变得更加复杂，无论是对思考者本人还是其他倾听者来说，都会造成理解上的偏差。所以她觉得每个人在事后都必须对自己的思维进行检查和反省，并且扪心自问一下：我的思考有明确的逻辑和顺序吗？我的思考是否足够全面？我是否总是在思考的过程中出现重复和遗漏的情况？这些思考以及表达出来的内容是否缺乏中心思想和要点？

我很快意识到这是一个非常重要的话题，并由此对艾米拉女士的话进行了延伸，那就是：我们该如何进行思考呢？或者说：什么样的思考才是正确的？

而这直接促成了我对各项思考方式的研究与总结，可以说在过去的几十年时间里，我一直致力于寻找和研究一种最具实用价值的思考方法。后来我看到了芭芭拉·明托的《金字塔原理》，并对其进行了深入的分析。作为一种逻辑性比较强的原理，金字塔原理其实就是对金字塔结构的利用，而这种利用其实完全可以归结到思维方式或者思考方法上来。

实际上万事万物都有自己的结构，而思维也有自己的结构，我们要做的就是打造一个更为立体的思维结构，并透过结构来思考和分析事物的内在联系。金字塔思维实际上是一种建立在金字塔结构基础上的思考法则，其内在的基本形态实际上就是一种结构化思维，这种结构化思维可以有效确保我们采取更为合理的、全面的方式去理解和解决问题。

在日常生活和工作中，我们经常需要应对各种各样的状况，而这些应对手段都是建立在科学合理的思考的基础上的，包括文案的写作、口头的表达、棘手问题的解决，都需要具备出众的思考能力以及正确的思考方式。而事实上，并非所有人都在传递信息、整合思维方面做得非常到位，可以说多数人都没有意识到该如何让自己的思考变得更加高效。金字塔思维的提出就是为了解决思考缺乏逻辑、缺乏结构的问题，就是为了帮助人们打造一个更加全面的思维模式。

有关思考的方法有很多，而且不同的思考方法往往能够产生不同的作用，即便如此，金字塔思维仍然在思考、表达、解决问题方面展示了它的全面性。事实上，金字塔思维适用于任何一个需要构建清晰逻辑的思维方式，而且它可以确保我们养成更好的思维习惯，确保自己的思维处于严密的逻辑思维包裹之下，让生活和工作变得更加高效。

本书的核心理念实际上源于《金字塔原理》，但是本书更加注重